含能材料译丛

装备科技译著出版基金

U0347165

含能化合物性能预估方法

Energetic Compounds：Methods for
Prediction of Their Performance

［伊朗］穆罕默德·H. 克什瓦茨（Mohammad H. Keshavarz）
［德国］托马斯·M. 克拉普多尔（Thomas M. Klapötke） 著

秦 钊 汪营磊 赵凤起 译

国防工业出版社

·北京·

著作权合同登记　图字:军-2020-047号

图书在版编目(CIP)数据

含能化合物性能预估方法 / (伊朗)穆罕默德·H.
克什瓦茨,(德)托马斯·M.克拉普多尔著;秦钊,汪
营磊,赵凤起译. —北京:国防工业出版社,2021.10
书名原文:Energetic Compounds:Methods for
Prediction of Their Performance
ISBN 978-7-118-12401-9

Ⅰ.①含… Ⅱ.①穆… ②托… ③秦… ④汪… ⑤赵
… Ⅲ.①化合物-研究 Ⅳ.①O6-0

中国版本图书馆 CIP 数据核字(2021)第 170335 号

Energetic Compounds:Methods for Prediction of Their Performance by Mohammad H. Keshavarz,
Thomas M. Klapötke.
ISBN:978-3-11-052184-9

※

国防工业出版社出版发行

(北京市海淀区紫竹院南路 23 号　邮政编码 100048)
三河市腾飞印务有限公司印刷
新华书店经售
*
开本 710×1000　1/16　印张 9　字数 104 千字
2021 年 10 月第 1 版第 1 次印刷　印数 1—2000 册　定价 78.00 元

(本书如有印装错误,我社负责调换)

国防书店:(010)88540777　　书店传真:(010)88540776

发行业务:(010)88540717　　发行传真:(010)88540762

译　者　序

含能材料是一类含有爆炸性基团或含有氧化剂和可燃物,在一定的外界能量刺激下能独立进行氧化还原反应,并释放出大量能量(通常伴有大量气体和热)的化合物或混合物。含能材料是各类武器系统的重要组成部分,是世界各国关键性的战略物资,也是武器装备实现远程高效毁伤和精确打击的动力源和威力源。现代武器的发展对含能材料的性能提出了更高要求,而新型含能材料的设计、合成与应用又可促进现代武器的发展。依据现代武器发展的需求开展含能化合物设计与性能预估是降低含能材料研发成本、提高研发效率的有效手段。当前,含能化合物的性能预估主要依靠商业软件和一些零散的经验公式,存在成本较高、预估性能不准、适用范围不清等问题。

本书是一部系统介绍含能化合物性能预估方法的学术专著,由德国 De Gruyter 出版社于 2017 年出版。作者为伊朗的 Mohammad H. Keshavarz 教授和德国慕尼黑大学的 Thomas M. Klapötke 教授。Mohammad H. Keshavarz 教授是含能材料领域的国际知名专家,在国际同行评议期刊上发表学术论文 250 多篇,出版含能材料领域专著 3 本,还参与了多部专著的撰写。Thomas M. Klapötke 是含能材料合成与应用领域的著名专家,是英国皇家化学学会(RSC)、美国化学学会(ACS)、美国化学学会氟分会、德国化学学会(GDCh)会员,还是国际烟火学会(IPS)、美国国防工业协会(NDIA)的终身会员,同时也是印度高能材料协会(HEMNI)的荣誉会员。Thomas M. Klapötke 担任《德国无机化学》(ZAAC)等多个国际知名期刊的编委,在国际同行评议期刊上发表学术论文 500 多篇,出版专著 5 部。

本书共 6 章,分别以含能化合物的爆轰热、爆轰温度、爆轰速度、爆轰压力、格尼能和威力单独成章,系统介绍了相关性能的预估方法,还特别介绍了含氟、含氯和含铝炸药性能参数的预估方法。书中介绍的含能化合物性能的预测方法简单可靠,有助于含能化合物的研发成本的降低和研发效率的提高。

为了更好地跟踪国际含能材料领域前沿,进一步方便我国含能材料从业人员,我们组织翻译了本书。第 1 章和第 2 章由赵凤起翻译,第 3 章和第 4 章由秦钊翻译,第 5 章和第 6 章由汪营磊翻译,张明参与了部分章节的书稿录入工作。全书由秦钊统稿,赵凤起审校。

值此译著出版之际,首先感谢北京理工大学教授、中国航天科技集团湖北航天化学技术研究所客座研究员周智明和西安近代化学研究所冯晓军研究员在本书翻译过程中给予的帮助;其次感谢国防工业出版社编辑和领导对本书译稿的出版所付出的辛勤劳动;最后感谢西安近代化学研究所的各级领导和同事对本译著所提供的指导、帮助和建议。

限于译者水平,加上书中内容涉及的知识面较广,译文中不妥之处势所难免,期望读者斧正。

译　者

2020 年 5 月于西安

前　　言

　　新型含能材料的合成和研发过程中需要甄别有价值的材料并剔除不适用的材料,以便进行下一步研究,因此,对工程师、科学家以及业界其他人员而言,预知新型含能化合物的性能,以降低其合成、测试和评价成本,就显得极其重要。目前已有成本低、效益高、环境友好且节省时间的方法用于含能化合物性能的预先评估。本书综述了通过爆轰热、爆轰压力、爆轰速度、爆轰温度、格尼能和做功能力来评价含能化合物性能的不同方法,并介绍了非理想含铝炸药的爆轰压力和爆轰速度的预估方法。本书详细介绍的方法简单且可靠,易用于新型含能化合物的设计与合成。

作 者 简 介

Mohammad H. Keshavarz　1966 年出生,1988 年毕业于伊朗设拉子大学化学专业,1991 年和 1995 年分别在该校获得硕士和博士学位。1997—2008 年,他在伊朗马利克阿什塔尔大学物理化学系先后任助理教授、副教授和教授。自 1997 年开始,他成为伊朗马利克阿什塔尔工业大学的讲师、研究人员。他是两种波斯语期刊的编辑,在国际同行评议期刊上发表学术论文 250 余篇,出版含能材料领域学术专著 3 部(波斯语),另外参与了 3 部学术专著部分章节的编写。

Thomas M. Klapötke　1961 年出生,曾在柏林工业大学学习化学,师从 Hartmut Kopf 教授,于 1986 年获得博士学位。在与加拿大新不伦瑞克省弗雷德里克顿的 Jack Passmore 合作完成博士后研究之后,他于 1990 年在柏林工业大学完成了适应性训练。1995—1997 年,在苏格兰格拉斯哥大学任化学系"拉姆齐教授"。1997 年起任慕尼黑大学无机化学系教授和系主任。2009 年,任马里兰大学(UM)帕克分校能量概念发展中心(CECD)机械工程与化学系访问教授,同时兼任马里兰州拉普拉塔能源技术中心(ETC)的高级访问科学家。2011 年,荣获印度高能材料协会(HEMSI)的荣誉会员。Klapötke 是英国皇家化学学会、美国化学学会、美国化学学会氟分会、德国化学学会会员,还是国际烟火学会、美国国防工业协会的终身会员。他的大部分研究工作是他所在的慕尼黑大学与位于马里兰州阿伯丁的美国陆军研究实验室(ARL)和位于新泽西州皮卡汀尼的美国陆军装备研发与工程中心(ARDEC)合作开展的。Klapötke 还与位于伊利诺伊州香槟市的美国陆军工程师研发中心(ERDC)和位于德国和美国的几个工业合作伙伴合作开展工作。他是《德国无机化学》(ZAAC)的执行主编,还是《推进剂、炸药和烟火技术》(PEP)、《含能材料与化学推进剂国际期刊》(IJEMCP)、《含能材料与中欧含能材料期刊》(CEJEM)的编委。他在国际同行评议期刊上发表了学术论文500多篇,出版学术专著5部,参与撰写专著章节23章。

符 号 说 明

a	碳原子数
A	道特里什法中见证板上的标记点与导爆索中心点的距离
A_{JWL}	JWL-EOS 的线性系数
AB	Rothstein-Peterson 法中的参数；对于芳香族化合物，AB＝1；否则 AB＝0
b	氢原子数
B_{JWL}	JWL-EOS 的线性系数
BKW-EOS	Becker-Kistiakowsky-Wilson 状态方程
BKWC-EOS， BKWR-EOS， BKWS-EOS	BKW-EOS 的三种不同形式
c	氮原子数
C_{JWL}	JWL-EOS 的线性系数
$C_{\text{极性}}$	在预估芳香族和非芳香族 $C_a H_b N_c O_d$ 含能化合物的爆轰热时某些特殊极性或官能团的贡献
C_{SFG}	在预估芳香族 $C_a H_b N_c O_d$ 含能化合物爆轰热中某些特殊官能团的贡献
C_{SSP}	在预估非芳香族 $C_a H_b N_c O_d$ 含能化合物爆轰热中某些特殊结构参数的贡献
CHEETAH	热化学计算程序
C-J	Chapman-Jouguet
$\overline{C}_V(\text{爆轰产物})_j$	恒容条件下第 j 个爆轰产物的摩尔热容
$\overline{C}_P(\text{爆轰产物})_j$	恒压条件下第 j 个爆轰产物的摩尔热容
d	氧原子数
$D_{\text{det}}(\text{炸药装药})$	用道特里什法测试的炸药的爆轰速度
$D_{\text{det}}(\text{导爆索})$	道特里什法中使用的校准导爆索的爆轰速度
D_{det}	爆轰速度

（续表）

$D_{金属}$	终端金属速度
$D_{det,max}$	炸药在最大理论密度下的爆轰速度
$D_{det,max}^{Dec}$	$D_{det,max}$ 减小的修正参数
$D_{det,max}^{Inc}$	$D_{det,max}$ 增大的修正参数
e	氟原子数
E	单位体积的爆轰能量
E_G	特定能量或格尼能（J）
$\sqrt{2E_G}$	格尼速度或格尼常数（m/s）
$(\sqrt{2E_G})_{H-K}$	由 Hardesty-Kennedy（H-K）法获得的格尼速度
$(\sqrt{2E_G})_{K-F}$	由 Kamlet-Finger（K-F）法获得的格尼速度
EOS	状态方程
EXPLO5	热化学计算程序
f	氯原子数
$\%f_{Traul,TNT}$	Trauzl 铅墙试验测得的含能化合物相对于 TNT 的相对威力
f_{Traul}^+	基于元素组成获得的 $\%f_{Traul,TNT}$ 低估值的修正参数
f_{Traul}^-	基于元素组成获得的 $\%f_{Traul,TNT}$ 高估值的修正参数
$\%f_{弹道臼炮,TNT}$	弹道臼炮试验测得的含能化合物相对于 TNT 的相对威力
$\%f_{弹道,TNT}$	含能化合物相对 TNT 的猛度
$(\%f_{弹道,TNT})_{含铝炸药}$	含铝炸药相对 TNT 的猛度
g	铝原子数
G	Rothstein-Peterson 法的参数：对于液体炸药，$G=0.4$；对于固体炸药，$G=0$
GIPF	一般相互作用函数
H	恒压焓
h	炸药中硝酸铵的摩尔数
$H_{产物}$	产物的焓
$H_{反应物}$	反应物的焓
H^θ	在标准状态下（温度 298.15K 和压力 0.1MPa）指定物质的焓
$H(c)$	凝聚相（固态或液态）物质的焓
$H^\theta(c)$	在标准状态下（温度 298.15K 和压力 0.1MPa）指定凝聚相（固态或液态）的物质焓

（续表）

$H(g)$	指定气态物质的焓
I_{sp}	比冲
ISPBKW	用 BKW-EOS 计算比冲的计算机程序
JCZS-EOS	Jacobs-Cowperthwaite-Zwisler 状态方程
JCZS3-EOS	Jacobs-Cowperthwaite-Zwisler-3 状态方程
JWL-EOS	Jones-Wilkins-Lee 状态方程
k_i	第 i 个气态产物的摩尔体积
K-J	Kamlet-Jacob
L	道特里什法中两个导爆索探针之间的距离
$\dfrac{m}{c}$	单位长度的金属与炸药的质量之比
$\overline{M}_{w\,gas}$	气态产物的平均摩尔质量
$n(g)$	气体摩尔数
$n(HF)$	由氢形成 HF 的分子数量
$n(B/F)$	形成 CO_2 和 H_2O 富余的氧原子数和/或形成 HF 所富余的氟原子数
$n(C\!=\!O)$	与碳直接双键相连的氧原子数
$n(C\!-\!O)$	与碳直接单键相连的氧原子数
n_{exp}	炸药的摩尔数
$n(NO_3)$	硝酸酯或单硝酸肼类的硝酸盐中—NO_3 的数量
n_j	第 j 个爆轰产物的摩尔数
n'_{gas}	每克炸药气态爆轰产物的摩尔数
n_{mN}	在 $a=1$ 的硝基化合物中与碳原子相连的硝基的个数
n_N	在预测 $a=1$ 的炸药的最大爆轰压力时的参数，$n_N = 0.5 n_{NO_2} + 1.5$，式中 n_{NO_2} 为硝基化合物中与碳相连的硝基的个数
n_{-NH_x}	含能化合物中—NH_2 和 NH_4^+ 的个数
n_{NR}	炸药分子中—N$=$N—或 NH_4^+ 的个数
$n_{-NRR'}$	炸药分子结构中—NH_2、NH_4^+ 或 $\begin{array}{c} N \\[-2pt] \diagdown \\ N \end{array}$N的个数
$n_{NR_1R_2}$	炸药分子中—NH_2、NH_4^+ 和所有炸药中含有 3 个或 4 个氮的五元环，以及硝胺笼中的五元(或六元)环的个数

n'_{Al}	在一定条件下铝原子的摩尔数
$n'_{硝酸盐}$	在一定条件下硝酸盐的摩尔数
n_1^0	含能化合物中 $d>3(a+b)$ 时 $n_1^0=1.0$，其他条件下 $n_1^0=0$
P	压力
$P_{环状硝胺}$	预估环状硝胺爆轰热时的修正参数
P_{det}	爆轰压力
$P_{det,max}$	炸药在最大装药密度或理论最大密度下的爆轰压力
$P_{det,max,SSP}$	在预测最大爆轰压力时，当炸药分子结构中含 $N=N—$、$—ONO_2$ 或 $—N_3$ 时其值为 0
P'_{in}	在一定条件下基于元素组成预测最大爆轰压力值增加时的修正参数
P'_{de}	在一定条件下基于元素组成预测最大爆轰压力值减小时的修正参数
Power Index $[H_2O(g)]$	爆轰产物中的水为气态时炸药的威力指数
Power Index $[H_2O(l)]$	爆轰产物中的水为液态时炸药的威力指数
Q	热传递
Q_{expl}	爆炸热
Q_{det} Q'_{det}	爆轰热
$Q_{det}[H_2O(g)]$	爆轰产物中的水为气态时的爆轰热
$Q_{det}[H_2O(l)]$	爆轰产物中的水为液态时的爆轰热
$Q_{det}[H_2O(l)]_{芳香族}$	芳香族炸药的爆轰产物中水为液态时的爆轰热
$Q_{det}[H_2O(l)]_{非芳香族}$	非芳香族炸药的爆轰产物中水为液态时的爆轰热
$Q_{H_2O-CO_2}$	基于"H_2O-CO_2 主导"的爆轰热
R	气体常数
R_1 R_2	JWL-EOS 的非线性系数
$R-R_0$	圆筒试验中径向膨胀量
RMS	均方根偏差
STP	标准温度和压力
T	温度

（续表）

T_i	初始温度
T_{max}	最高温度
T_{det}	爆轰（爆炸）温度
$(T_{det})_{芳香族}$	芳香族含能化合物的爆轰（爆炸）温度
$(T_{det})_{非芳香族}$	非芳香族含能化合物的爆轰（爆炸）温度
V	体积
V_0	炸药爆轰前的体积
V_{corr}	爆炸气体的体积的修正参数
V_{det}	爆轰产物的体积
$V_{exp\ gas}$	爆炸气体的体积
U	内能
$U_{产物}$	产物的内能
$U_{反应物}$	反应物的内能
U_s	等熵膨胀产物的内能
U_0	等熵未反应炸药的内能
$U(c)$	凝聚相（液态或固态）物质的内能
$U^{\theta}(c)$	标况下（298.15K，0.1MPa）凝聚相（液态或固态）物质的内能
$U(g)$	特定气态化合物的内能
$V_{筒壁}$	筒壁速度
W	功
W_{C-J}	气态产物（烟雾）在 C-J 点处的速度
WPHE	高能炸药的质量分数
x_j	含能混合物中第 j 个组分的摩尔分数
y_i	第 i 个气态产物的摩尔分数
ZMWNI	热化学计算程序
$\Delta_f H^{\theta}$	特定凝聚相（固态或液态）或气相化合物的标准生成热
$\Delta_f H^{\theta}(g)$	特定气态化合物的标准生成热
$\Delta_f H^{\theta}(c)$	特定凝聚相（固态或液态）化合物的标准生成热
$\Delta_f H^{\theta}(爆轰产物)_j$	第 j 个爆轰产物的标准生成热

ΔH_c	燃烧热
ΔH_c^{θ}	标准燃烧热
ΔU_c	燃烧能
ΔU_c^{θ}	标准燃烧能
$\Delta V_{\text{Trauzl(含能化合物)}}$	Trauzl 铅壔试验中炸药的膨胀体积
$\Delta V_{\text{Trauzl(TNT)}}$	Trauzl 铅壔试验中 TNT 的膨胀体积
α	BKW-EOS 的经验常数
β	
γ	绝热指数
θ	BKW-EOS 的经验常数
κ	
ρ_0	初始（装药）密度（g/cm^3）
$\rho_{\text{C-J}}$	C-J 点的密度（g/cm^3）
ω	Grüneisen 系数或第二绝热系数

目　　录

第1章　爆轰热 ··· 1

  1.1　爆轰热基础知识 ··· 1

    1.1.1　爆炸热的测量 ··· 2

    1.1.2　爆轰热和生成热 ··· 3

    1.1.3　燃烧热和生成热之间的关系 ····························· 5

  1.2　预估爆轰产物 ·· 6

    1.2.1　预估爆轰产物的简便法 ································· 6

    1.2.2　基于计算机程序的爆轰产物预估和用量子力学

           计算 Q_{det} 预估值 ······································ 10

  1.3　不考虑爆轰产物的 Q_{det} 预估新经验方法 ················ 12

    1.3.1　利用炸药的气相和凝聚相生成热 ················ 12

    1.3.2　高能炸药常用的结构参数 ························· 15

    1.3.3　双基和复合改性双基推进剂爆轰热的预估 ········· 16

  小结 ··· 18

  习题 ··· 18

第2章　爆轰温度 ··· 20

  2.1　绝热燃烧(火焰)温度 ·· 20

    2.1.1　燃料与空气燃烧 ··· 20

    2.1.2　火药的燃烧 ··· 22

  2.2　炸药的爆轰(爆炸)温度 ·· 24

2.2.1　爆轰温度的测定 ································· 24

2.2.2　爆轰温度的计算 ································· 25

2.2.3　预估炸药混合物爆轰温度的一个简单途径 ········ 31

小结 ·· 32

习题 ·· 32

第3章　爆轰速度 ······································· 33

3.1　C-J理论和爆轰性能 ······························· 33

3.2　理想和非理想炸药 ································· 34

3.3　爆轰速度的测量 ································· 36

3.4　理想炸药爆轰速度的预估 ························· 38

3.4.1　爆轰速度与装药密度、元素组成以及单质炸药和混合炸药
的凝聚相生成热之间的关系 ··················· 39

3.4.2　爆轰速度与装药密度、元素组成和纯组分的气相生成热的
关系 ······································· 41

3.4.3　爆轰速度与高能炸药的装药密度和分子结构的关系 ··· 42

3.4.4　最大爆轰速度 ························· 42

3.4.5　经验公式与计算机程序的比较 ················· 44

3.5　非理想炸药的爆轰速度预估 ······················· 47

3.5.1　理想炸药和非理想炸药的爆轰速度与装药密度、元素组成
以及单质炸药和混合炸药的凝聚相生成热的关系 ······ 48

3.5.2　利用分子结构预测理想炸药和非理想炸药的爆轰
速度 ······································· 50

3.5.3　$C_aH_bN_cO_dF_e$和含铝炸药的最大爆轰速度 ········ 53

小结 ·· 56

习题 ·· 56

第4章　爆轰压力 ······································· 58

4.1　爆轰压力与爆轰速度之间的关系 ················· 58

4.2 爆轰压力的测量 ·· 61

4.3 理想炸药爆轰压力的预估 ·································· 62

    4.3.1 单质炸药和混合炸药的爆轰压力与装药密度、元素组成和凝聚相生成热之间的关系 ······················· 62

    4.3.2 爆轰压力与装药密度、元素组成及单纯组分的气相生成热的关系 ··· 63

    4.3.3 爆轰压力与高能炸药装药密度及分子结构的关系 ····· 64

    4.3.4 最大爆轰压力 ·· 65

4.4 非理想含铝炸药爆轰压力的预估 ························· 65

    4.4.1 使用元素组成来预估炸药的爆轰压力 ·············· 66

    4.4.2 $C_aH_bN_cO_dF_eCl_f$ 和含铝炸药爆轰压力与装药密度、元素组成、单质或混合炸药凝聚相生成热的关系 ············ 67

    4.4.3 利用分子结构预估理想和含铝炸药的爆轰压力 ····· 69

    4.4.4 $C_aH_bN_cO_dF_e$ 炸药和含铝炸药的最大爆轰压力 ········· 70

小结 ·· 71

习题 ·· 72

第5章 格尼能 ··· 73

5.1 格尼能和格尼速度 ·· 74

5.2 格尼能和圆筒膨胀试验 ···································· 75

    5.2.1 圆筒试验测量 ·· 75

    5.2.2 圆筒试验的预估方法 ····································· 76

    5.2.3 JWL 状态方程 ··· 78

5.3 预估格尼速度的不同方法 ································· 79

    5.3.1 使用 K-J 分解产物 ······································· 79

    5.3.2 使用元素组成和生成热 ·································· 80

    5.3.3 使用元素成分而不使用炸药的生成热 ·············· 81

小结 ·· 82

习题 ……………………………………………………………… 82

第6章　威力 …………………………………………………… 83

6.1　测量炸药威力和猛度的不同方法 …………………………… 84

6.2　预估威力的不同方法 ………………………………………… 86

　　6.2.1　含能化合物爆炸气体体积预估的简单关系式 ………… 86

　　6.2.2　威力指数 …………………………………………… 87

　　6.2.3　基于 Trauzl 铅壔试验和弹道白炮试验的威力预估的简单关
　　　　　联式 …………………………………………………… 88

6.3　猛度的预估 …………………………………………………… 93

　　6.3.1　单一含能材料的 $f_{弹道}^{+}$ 和 $f_{弹道}^{-}$ 的预估 ……………… 93

　　6.3.2　含能混合物及含铝炸药的猛度 …………………………… 94

小结 …………………………………………………………………… 95

习题 …………………………………………………………………… 95

习题答案 ……………………………………………………………… 97

附录　单质炸药和混合炸药的化合物名称和生成热 ……………… 101

参考文献 …………………………………………………………… 107

索引 ………………………………………………………………… 120

第1章 爆 轰 热

　　燃烧是发生在可燃物与氧气之间一种非常快速、剧烈的放热化学反应，通常伴随着火焰的产生。燃烧产生的能量使未反应材料的温度升高，使反应速度加快。如果可燃物质被加热到点火温度以上，且可燃物内部反应释放的热远大于其向周围介质散失的热，则可观察到火焰的出现。火药和炸药中的有机含能复合物在燃烧过程中会释放出大量的高温气体。相比于普通燃料的燃烧，有机含能化合物的燃烧是一种自持过程，不需要大气环境中的氧气参与。爆燃有机含能化合物的特征为少量化合物在敞开空间暴露于火焰、静电火花、冲击、摩擦或高温等引发源时，会发生突然点火现象。爆燃有机含能化合物比普通燃料燃烧更快、更剧烈，同时伴随着火焰、火花、"嘶嘶"声或燃烧噪声。当一种有机含能化合物通过冲击波而不是热点机制来引发分解和起爆时，该化合物称为爆轰性有机炸药。有机含能化合物的爆轰过程既可由燃烧转爆轰产生，也可由冲击波引发。

1.1　爆轰热基础知识

　　反应热是指参与化学反应的反应物和反应产物生成热之间的净热差。燃烧热是指氧化反应的反应热。有机含能化合物作为炸药时将经历爆轰过程，而作为火药时将经历一个爆燃过程。含能化合物的爆燃(燃烧)热可理解为该化合物燃烧过程释放的能量;爆轰热是炸药爆轰过程中所释放能量的量值;爆炸热(由 Q_{expl} 表示)是一个常用术语,它是指用作炸药和用作火药的含能化合物在分解过程中释放出热的量值。无论是爆轰过程还是燃烧过程,由它们释放的热都将提高气体产物的温度。这是因为含能化合物的分解常常是极其迅速的,它将导致气体产物膨胀并向环境释放能量。总的来说,含能化合物的效能依赖于其本身所具有的能量大小,以及爆轰发生时这些内在能量的释放速率。Q_{expl} 是炸药和火药的最重要的热力学参数之一,其决定了炸药和火药的性能[1]。如图 1.1 所示,Q_{expl} 为如 1,3,5-三硝基甲苯一样的炸药发生爆轰或燃烧过程所释放的热量。由于有机含能化合物分子内携带氧原子,因此在没有外界氧或空气参与的情况下即发生爆轰或燃烧[2]。Q_{expl} 是评估有机化合物潜能的一个易得且可靠的参数[3]。火箭推进剂的 Q_{expl} 越高,它的比冲越高;当比冲以秒(s)为单位时,Q_{expl} 和火箭的推力呈指数关系[4]。

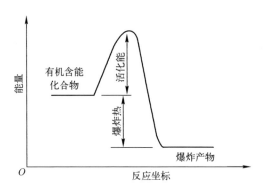

图 1.1　炸药反应的能量曲线

1.1.1　爆炸热的测量

弹式量热计是常用的测量装置(图 1.2),可用于评估和比较含能材料在恒容条件下 Q_{expl} 值的大小。将待测样品装入金属弹体中,然后充满惰性气体(填充氮气)的弹体浸没在一定量水的绝热量热计中(需要指出的是,金属弹在量热计中要能经受较大的压力冲击)。测量金属弹周围水的温度并观察量热计水套温度的变化,当产物被冷却到接近室温时即完成测量。为计算 Q_{expl},还需记录弹式量热计的温升。主要根据水的温升以及量热计主体和水套的有效热容计算 Q_{expl} 值。计算 Q_{expl} 值还应考虑多方面的因素,如水凝结等,因为燃烧产物从火焰温度冷却到室温有相变过程发生。

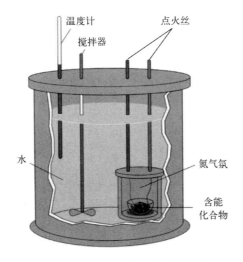

图 1.2　测量爆炸热的弹式量热计

1.1.2　爆轰热和生成热

由于氧化反应的缘故,当有机含能化合物被引发而快速燃烧和爆轰时,能量主要以热的形式被释放出来。因此,在绝热条件下释放出的热量 Q_{expl} 是一个非常重要的特征参量,它包含了炸药做功能力的信息。研究者期待所研制的炸药和火药具有高的 Q_{expl} 值。炮腔中的发射药燃烧和爆轰装置中的炸药爆炸,Q_{expl} 多以恒容条件表示;而火箭推进剂在火箭发动机燃烧室中的燃烧往往是自由膨胀到大气压力,Q_{expl} 可近似用恒压条件表示。需要指出

3

的是,对于爆炸热的报道可能有以下三种使用不当的情形:

(1) 将术语"热"误用于表示为恒压焓(H),且在恒容条件下,把内能(U)与"热"的定义等同起来。

(2) 一个含能化合物的样品通常仅经历燃烧过程而不发生爆轰。

(3) 对放热反应而言,按照热力学体系的规定应该使用负号,而含能材料领域把 Q_{expl} 值作为正数。

对于一个特定的物质而言,热力学量 H 和 U 都是状态函数,其关系如下:

$$H = U + PV \tag{1.1}$$

式中:P 为压力;V 为体积。

对气体物质来说,利用理想气体状态方程,可得到 H 和 U 之间的关联方程:

$$H(g) = U(g) + n(g)RT \tag{1.2}$$

式中:R 为气体常数;T 为温度;$n(g)$ 为体系所包含的气体摩尔数;$H(g)$ 和 $U(g)$ 分别为相关气态物质的焓和内能。在室温下,RT 一般等于 2.48kJ/mol。对于凝聚相(液体或固体)物质,式(1.2)中 PV 乘积的结果非常小,以至于可以忽略,故得到近似后的方程为

$$H(c) \approx U(c) \tag{1.3}$$

式中:$H(c)$ 和 $U(c)$ 分别为凝聚相物质的焓和内能。

假定在标准状态条件下(298.15K 和 0.1MPa 压力)$H^{\theta} = \Delta_f H^{\theta}$,即相对于在 298.15K 和 0.1MPa 压力下的参考组分而言,所关注的物质满足 $H^{\theta} = \Delta_f H^{\theta}$,则式(1.3)可写为

$$U^{\theta}(c) \approx H^{\theta}(c) \approx \Delta_f H^{\theta}(c) \tag{1.4}$$

由于生成热比内能通常更容易得到,因此通过合理近似,Q_{expl} 可由产物的标准生成热之和与反应物的标准生成热之和两者的差值计算得到。换言之,Q_{expl} 即为爆炸产物的标准生成热 $\Delta_f H^{\theta}$ 与炸药本身 $\Delta_f H^{\theta}$ 之差。合成炸药的 $\Delta_f H^{\theta}$ 值可由炸药分子中原子之间每个键能的数据计算得到。进一步讲,

每个气体产物的 $\Delta_f H^\theta$ 值在相关文献中是可查到的。故而,从设定分解反应中的 $\Delta_f H^\theta$ 值计算 Q_{expl} 是可行的。对于高能有机炸药,Kamlet 和 Jacobs[5] 用术语"爆轰热"(由 Q_{det} 表示)作为爆轰反应热进行计算:

$$Q_{det} = \frac{-\left[\sum n_j \Delta_f H(爆轰产物) - \Delta_f H^\theta(炸药)\right]}{炸药的分子量} \tag{1.5}$$

式中:$\Delta_f H^\theta$(爆轰产物)$_j$ 和 n_j 分别为第 j 个爆轰产物的标准生成热和摩尔数。如式(1.5)所示,一个正的生成热(单位质量)对炸药能量是有利的,因为它导致爆轰中更大的能量释放和性能的大大提高。设定的或计算的产物气体平衡组成均可用于估算爆轰产物的生成热。如果一个炸药的凝聚相生成热和该炸药的分解产物是已知的,就可用气相产物的标准生成热来预估炸药的爆轰热。某些单质炸药和混合炸药的试验数据可参见附录。

1.1.3 燃烧热和生成热之间的关系

燃烧热可在一个填充了过量氧气的弹式量热计中由试验测定(图1.3)。对一个具有通式 $C_a H_b N_c O_d$ 的含能化合物而言,无论其处于固态或液态,其燃烧产物皆是液体的 H_2O、气体的 CO_2 和 N_2,反应式为

$$C_a H_b N_c O_d (s\ 或\ l) + \left(a + \frac{b}{4} - \frac{c}{2}\right) O_2(g) \longrightarrow a CO_2(g) + \frac{b}{2} H_2 O(l) + \frac{d}{2} N_2(g)$$

$$\tag{1.6}$$

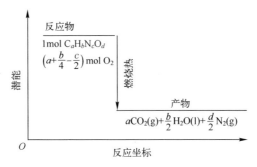

图 1.3　1mol 含能化合物 $C_a H_b N_c O_d$ 及其与氧反应形成燃烧产物两者之间能量差

测得的燃烧能 ΔU_c 可通过下式转化为燃烧热 ΔH_c：

$$\Delta H_c = \Delta U_c + \Delta n(g)RT = \Delta U_c + \left(\frac{d}{2} - \frac{b}{4} + \frac{c}{2}\right)RT \qquad (1.7)$$

式中：$\Delta n(g)$ 为反应过程中气体摩尔数的变化量；R 为气体常数。

因此，标准燃烧热可用下式计算：

$$\Delta H_c^{\theta} = \Delta U_c^{\theta} + 2.4788\left(\frac{d}{2} - \frac{b}{4} + \frac{c}{2}\right) \; (\text{kJ/mol}) \qquad (1.8)$$

进而，预知含能化合物 $C_aH_bN_cO_d$ 的标准生成热可由下式进行计算[6]：

$$\Delta_f H^{\theta}(含能化合物) = \alpha\Delta_f H^{\theta}[CO_2(g)] + \frac{b}{2}\Delta_f H^{\theta}[H_2O(l)] - \Delta H_c^{\theta} \qquad (1.9)$$

假定 $\Delta_f H^{\theta}[CO_2(g)]$ 和 $\Delta_f H^{\theta}[H_2O(l)]$ 分别为 -393.5kJ/mol 和 -285.8kJ/mol，利用式(1.8)和式(1.9)可求出 $\Delta_f H^{\theta}$(含能化合物)。

1.2　预估爆轰产物

通常有两种不同的方法可用于预估爆轰产物：一是主要基于简单的分解路径；二是需利用热化学计算数据库。

1.2.1　预估爆轰产物的简便法

对 $C_aH_bN_cO_d$ 炸药，有几种不同的方法来预估爆轰产物，如 Kistiakowsky-Wilson 规则、改进的 Kistiakowsky-Wilson 规则以及 Springall Roberts 规则，这些方法主要是把氧原子分成几个步骤与碳、氢原子作用，形成爆轰产物 CO、CO_2、H_2O 和 N_2[7]。尽管这些方法在方式上较为简单，但若想得到分解的路径是极为困难的。为了用可信的分解路径估算爆轰产物的摩尔数，提出了几个简便方法。Kamlet 和 Jacobs[5] 指出：对于具有通式 $C_aH_bN_cO_d$ 的一种炸

药而言,炸药分解产物总的化学计量表达法可由下式给出:

$$C_aH_bN_cO_d \longrightarrow \frac{b}{2}H_2O + \frac{c}{2}N_2 + \begin{cases} \left(\frac{d}{2}-\frac{b}{4}\right)CO_2 + \left(a-\frac{d}{2}+\frac{b}{4}\right)C & (1.10a) \\ \\ aCO_2 + \left(\frac{d}{2}-\frac{b}{4}-a\right)O_2 & (1.10b) \end{cases}$$

Kamlet 和 Jacobs 假设 $C_aH_bN_cO_d$ 高能炸药一般结晶密度约为 1.7 ~ 1.9g/cm³,并且所用炸药密度接近它们的理论最大密度。他们认为在这个密度时,式(1.6)中呈现的炸药分解产物被称为“H_2O-CO_2 主导”。

对于有机 $C_aH_bN_cO_dF_eCl_f$ 炸药,假设炸药中的所有氮均转化为 N_2,氟转化为 HF,氯转化为 HCl,氧按比例转化为 H_2O,那么 C 的最佳氧化形式是 CO,而不是 CO_2。故此可通过列出的反应式得到爆轰产物:

$$C_aH_bN_cO_dF_eCl_f \longrightarrow eHF + fHCl + \frac{c}{2}N_2 +$$

$$\begin{cases} dCO + (a-d)C + \frac{b-e-f}{2}H_2 & (1.11a) \\ (0 \leqslant a-d) \\ \\ aCO + (d-a)H_2O + \left(\frac{b-e-f}{2}-d+a\right)H_2 & (1.11b) \\ \left(0 > a-d, 0 < \frac{b-e-f}{2}-d+a\right) \\ \\ \left(\frac{b-e-f}{2}\right)H_2O + \left(2a-d+\frac{b-e-f}{2}\right)CO + \left(d-a-\frac{b-e-f}{2}\right)CO_2 & (1.11c) \\ \left(d-a-\frac{b-e-f}{2} \geqslant 0, 0 \leqslant 2a-d+\frac{b-e-f}{2}\right) \\ \\ \left(\frac{b-e-f}{2}\right)H_2O + aCO_2 + \frac{1}{2}\left(d-\frac{b-e-f}{2}-2a\right)O_2 & (1.11d) \\ \left(0 > 2a-d+\frac{b-e-f}{2}\right) \end{cases}$$

对于某些 $C_aH_bN_cO_d$ 炸药来说,反应式(1.11)所示的分解路径与反应式(1.10)相比,所给出的 Q_{det} 预估值更加可信。该方法可得到两个不同的 Q_{det} 值,因为对水而言有两个不同的相态(气态和固态)可以被设定,水是该类炸药主要的爆轰产物之一。为了展示反应式(1.10)和反应式(1.11)在计算 Q_{det} 方面的应用,下列以环四亚甲基四硝胺(HMX)为例进行计算,HMX的分子式为 $C_4H_8N_8O_8$,由于反应式(1.10b)仅适用于含足够氧的有机炸药,以便把 H 和 C 原子转化为 H_2O 和 CO_2,因此仅有少数炸药像硝化甘油(简称为 NG,分子式为 $C_3H_5N_3O_9$)那样能够遵循这一分解路径。故此,反应式(1.10a)适用于大多数有机炸药。对 HMX,可按反应式(1.10)求出其爆轰产物和爆轰热:

$$C_4H_8N_8O_8 \longrightarrow 4N_2 + 4H_2O + 2CO_2 + C$$

$$
\begin{aligned}
Q_{det}[H_2O(g)] &\approx \frac{-[4\Delta_f H^{\theta}H_2O(g) + 2\Delta_f H^{\theta}(CO_2) - \Delta_f H^{\theta}(HMX)]}{HMX\ 的分子量} \\
&= \frac{-[4\times(-241.8kJ/mol) + 2\times(-393.5kJ/mol) - 74.8kJ/mol]}{296g/mol} \\
&= 6.18kJ/g
\end{aligned}
$$

$$
\begin{aligned}
Q_{det}[H_2O(l)] &\approx \frac{-[4\Delta_f H^{\theta}H_2O(l) + 2\Delta_f H^{\theta}(CO_2) - \Delta_f H^{\theta}(HMX)]}{HMX\ 的分子量} \\
&= \frac{-[4\times(-285.8kJ/mol) + 2\times(-393.5kJ/mol) - 74.8kJ/mol]}{296g/mol} \\
&= 6.77kJ/g
\end{aligned}
$$

同时,反应式(1.11c)所示的分解路径对 HMX 而言是恰当的,因为其满足条件:

$$d \geqslant a + \frac{b-e-f}{2} \quad \left(8 \geqslant 4 + \frac{8-0-0}{2}\right)$$

故可用式(1.11c)进行计算,且有

$$C_4H_8N_8O_8 \longrightarrow 4N_2 + 4H_2O + 4CO$$

但基于新的爆轰产物,则爆轰热计算如下:

$$Q_{det}[H_2O(g)] \approx \frac{-[4\Delta_f H^\theta H_2O(g) + 4\Delta_f H^\theta(CO) - \Delta_f H^\theta(HMX)]}{HMX \text{ 的分子量}}$$

$$= \frac{-[4\times(-241.8kJ/mol) + 4\times(-110.5kJ/mol) - 74.8kJ/mol]}{296g/mol}$$

$$= 5.02kJ/g$$

$$Q_{det}[H_2O(l)] \approx \frac{-[4\Delta_f H^\theta H_2O(l) + 4\Delta_f H^\theta(CO) - \Delta_f H^\theta(HMX)]}{HMX \text{ 的分子量}}$$

$$= \frac{-[4\times(-285.8kJ/mol) + 2\times(-110.5kJ/mol) - 74.8kJ/mol]}{296g/mol}$$

$$= 5.61kJ/g$$

H_2O、CO 和 CO_2 的试验数据自 NIST 化学网,作为计算的特定值来。为了比较反应式(1.10)和反应式(1.11)所形成的不同爆轰产物对爆轰热的影响,一些非常典型的 $C_aH_bN_cO_d$ 有机炸药可用式(1.10)和式(1.11)进行计算,其结果列入表 1.1 中。均方根(RMS)偏差也列于表 1.1 中。均方根偏差的定义为

$$RMS = \sqrt{\frac{1}{N}\sum_{i=1}^{N} Dev_i^2} \quad (kJ/g) \tag{1.12}$$

式中:N 为试验中爆轰热测量的次数;Dev_i 为预估值与试验值之间的偏差。

表 1.1 典型 $C_aH_bN_cO_d$ 炸药爆轰热预估值和试验值的比较

炸药[①]	$\Delta_f H^\theta(c)$[②] /(kJ/mol)	$Q_{det}[H_2O(g)]$/(kJ/mol)			$Q_{det}[H_2O(l)]$/(kJ/mol)		
		试验值	式(1.11)[③]	式(1.10)[③]	试验值	式(1.11)[③]	式(1.10)[③]
HMX ($C_4H_8N_8O_8$)	75.0	5.732[9]	5.017 (0.715)	6.180 (-0.448)	6.192[1]	5.611 (0.581)	6.774 (-0.582)
RDX ($C_3H_6N_6O_6$)	66.9	5.941[9]	5.038 (0.903)	6.201 (-0.26)	6.318[1]	5.636 (0.682)	6.799 (-0.481)
TNT ($C_7H_5N_3O_6$)	67.1	4.268[9]	2.644 (1.624)	5.418 (-1.15)	4.561[1]	2.644 (1.917)	5.904 (-1.343)

（续表）

炸药[①]	$\Delta_f H^{\theta}(c)$ [②] /(kJ/mol)	$Q_{det}[H_2O(g)]/(kJ/mol)$			$Q_{det}[H_2O(l)]/(kJ/mol)$		
		试验值	式(1.11)[③]	式(1.10)[③]	试验值	式(1.11)[③]	式(1.10)[③]
PETN ($C_5H_8N_4O_{12}$)	−538.9	5.732[9]	5.791 (−0.059)	6.335 (−0.603)	6.318[1]	6.351 (−0.033)	6.891 (−0.573)
TETRYL ($C_7H_5N_5O_8$)	20.0	4.56[9]	3.607 (0.953)	5.941 (−1.381)	4.770[1]	3.761 (1.009)	6.326 (−1.556)
DATB ($C_6H_5N_5O_6$)	−98.7	3.81[9]	2.322 (1.488)	4.912 (−1.102)	4.10[1]	2.322 (1.778)	5.368 (−1.268)
NQ ($CH_4N_4O_2$)	−92.9	2.732[9]	2.498 (0.234)	3.761 (−1.029)	3.071[1]	2.920 (0.151)	4.607 (−1.536)
TATB ($C_6H_6N_6O_6$)	−139.7	—	1.975	4.502	3.063[1]	1.975 (1.088)	5.012 (−1.949)
NM (CH_3NO_2)	−113.0	4.301[9]	3.925 (0.377)	5.703 (−1.402)	4.820[1]	4.644 (0.176)	6.786 (−1.966)
RMS 偏差 /(kJ/g)			0.954	1.006		1.048	1.365

① 化合物的名称和化学式词汇表见附录；
② 纯炸药的生成热从文献[1]中得到；
③ 基于式(1.10)和式(1.11)的分解路径测量值和计算值之差在圆括号中给出。

1.2.2 基于计算机程序的爆轰产物预估和用量子力学计算 Q_{det} 预估值

热化学计算程序 CHEETAH[10] 和 EXPLO5[11] 都可用于预估含能化合物的 Q_{det} 值。例如，EXPLO5[11] 是基于爆轰的化学平衡和稳态模型，以及 Becker-Kistiakowsky-Wilson(BKW)状态方程的一个计算炸药爆轰参数的计算机程序。BKW 方程将反作用潜能应用于实际状态方程，用以表达气体爆轰产物的状态，其表达式为[12]

$$\frac{PV}{RT} = 1 + \left\{\frac{\kappa \sum y_i k_i}{[V(T+\theta)]^{\alpha}}\right\} \exp\left\{\beta\left\{\frac{\kappa \sum y_i k_i}{[V(T+\theta)]^{\alpha}}\right\}\right\} \tag{1.13}$$

式中：P 为压力；V 为体积；R 为气体常数；T 为温度；y_i 为第 i 个气态产物的摩

10

尔分数;k_i 为第 i 个气态产物的摩尔体积;α、β、κ 和 θ 为 BKW-EOS 的经验常数。

EXPLO5 通过合适的技术使系统自由能最小,该技术已由 White、Johnson 和 Dantzig[13]研发而成,并由 Mader[12]进行了改进。该技术已用于用数学形式描述爆轰产物的平衡状态。根据该技术,我们可用改进的牛顿(Newton)法获得方程组并求解,但得到的解是近似解[11]。

应该指出,用 CHEETAH2.0[10]来进行计算时,在反应物的数据库中包括了生成热的数据。这些生成热的数据要么来自文献,要么为经验值。用户手册给出了生成热的估算误差。为设计炸药,用 CHEETAH2.0[10]来预测爆轰热,Jacobs-Cowperthwaite-Zwisler 状态方程(JCZS-EOS)数据库[14]可通过执行"标准爆轰操作"系统得到,该系统可计算从 Chapman-Jouguet(C-J)状态到 1atm(1atm = 1.013×10^5Pa)的气体产物的绝热膨胀。在这些计算中,Q_{det} 值为反应物与膨胀结束后所有产物的能差。Rice 和 Hare[15]用热化学程序 CHEETAH2.0[10]和 JCZS 产物数据库[14]对 34 种 $C_aH_bN_cO_d$ 炸药进行了产物浓度预估。结果表明,占94%的气体产物仅由 5 种化合物组成,即 H_2O、H_2、N_2、CO 和 CO_2。所研究的 34 种炸药中,有 30 种炸药的97%以上的气体产物由上述 5 种化合物组成。由热化学计算表明 CO 是一个主要产物气体中的组分,Rice 和 Hare[15]假定,爆轰产物可按照下述分解式获得:

$$C_aH_bN_cO_d \longrightarrow eH_2O+fN_2+gCO_2+hCO+iH_2+jC+k(其他产物) \quad (1.14)$$

式中:e、f、j、h、i、k 为产物的摩尔数,由 CHEETAH2.0/JCZS 计算。假定在式(1.14)中 k 的贡献极小,由此可得到改进的 Kamlet-Jacobs 法[15]。Rice 和 Hare 等应用量子力学算法和一般相互作用函数(GIPT)预测了凝聚相炸药的生成热。他们也利用凝聚相炸药生成热的估算值和 CO_2、CO 以及 H_2O 的生成热试验值计算了爆轰热,在式(1.14)中,C、H_2 和 N_2 的标准生成热为 0。研究表明,对于纯炸药利用改进的 Kamlet-Jacobs 方法的量子力学法所得结果和试验值非常一致,比 H_2O-CO_2 经验值还要好[15]。对 $C_aH_bN_cO_d$ 炸药,式(1.14)和 H_2O-CO_2 经验值常用于计算单质炸药和混合炸药的爆轰热[15]。

1.3 不考虑爆轰产物的 Q_{det} 预估新经验方法

近年来,已研发了几种不同的关系式来预估高能炸药 $C_aH_bN_cO_d$ 的 Q_{det} 值,且不考虑它们的爆轰产物。以下对这些方程进行一一介绍。

1.3.1 利用炸药的气相和凝聚相生成热

1. 炸药的元素组成和标准气体生成热

对于芳香族和非芳香族的纯高能炸药来说,一般通式为 $C_aH_bN_cO_d$,以下方程可用于估算 $Q_{det}[H_2O(l)]$ [16]:

$$Q_{det}[H_2O(l)]_{芳香族} = \frac{61.78a - 51.32b + 30.66c + 91.45d - 0.0667 \times \Delta_f H^\theta(g)(炸药)}{炸药的分子量}$$

(1.15)

$$Q_{det}[H_2O(l)]_{非芳香族} = \frac{58.72a - 55.01b - 21.23c + 250.9d + 1.065 \times \Delta_f H^\theta(g)(炸药)}{炸药的分子量}$$

(1.16)

式中: $\Delta_f H^\theta(g)$ 为炸药的标准气相生成热(kJ/mol),它可由量子力学法、基团加和法和经验法估算而得[17]。应该注意,上述方程不用以前的任何知识,包括测量数据、预估值和计算的炸药物理、化学或热化学性能,它只要求假设爆轰产物和易于计算的气相生成热即可,基于计算气相生成热估算 Q_{det} 的这种新方法所得结果和试验一致。由于 $\Delta_f H^\theta(g)$ 的系数值相较于式(1.15)和式(1.16)中元素组成的系数很小,故在方程中最后一项的贡献不大,进而不需要用更加可信的复杂的量子力学法计算炸药的 $\Delta_f H^\theta(g)$ 值。

下面用两个例子来说明芳香族和非芳香族高能炸药利用上述方程计算获得的 Q_{det} 结果。六硝基六氮杂异伍兹烷（HNIW 或 CL-20）是硝胺炸药，其化学式为 $C_6H_6N_{12}O_{12}$，它是目前具有中试规模或更大规模生产的威力最高的炸药[18]。六硝基芪（HNS）是有机化合物，其化学式为 $C_{18}H_6N_6$ O_{12}，常用作耐热炸药。如果应用 Benson 的基团加和法[19]（该方法常利用已知爆炸分子结构的知识和 NIST 化学网[20]），则可得到 HNS 的 $\Delta_f H^\theta$ 预估值为 150kJ/mol。对于 CL-20，基团加和法是不适用的，因为其为笼形结构，缺少特定基团的数据。无论如何，基于双键反应计算法，用 G4（MP2）和 B3LYP/cc-pVTZ 理论水平[21]，CL-20 的 $\Delta_f H^\theta$ 预估值为 500kJ/mol。因此，式（1.15）和式（1.16）分别给出了作为芳香族炸药 HNS 和非芳香族炸药 CL-20 的 $Q_{\text{det}}[H_2O(1)]$ 计算值：

$$Q_{\text{det}}[H_2O(1)]_{\text{芳香族}} = \frac{61.78 \times 14 - 51.32 \times 6 + 30.66 \times 6 + 91.45 \times 12 - 0.0667 \times 150}{450.23}$$

$$= 4.06(\text{kJ/g})$$

$$Q_{\text{det}}[H_2O(1)]_{\text{非芳香族}} = \frac{58.72 \times 6 - 55.01 \times 6 - 21.23 \times 12 + 250.9 \times 12 + 1.065 \times 500}{438.18}$$

$$= 7.56(\text{kJ/g})$$

由试验所得到的 HNS 和 CL-20 的 $Q_{\text{det}}[H_2O(1)]$ 值分别为 4.088kJ/g[1] 和 6.234kJ/g[22]，这和预估值基本一致。

2. 对芳香族炸药改进的 Kamlet-Jacobs 法

对芳香族含能化合物而言，发现由 Kamlet-Jacobs 法[5] 得到的预估值大于试验值[23]。对此，相比于 Kamlet-Jacobs 法[5,23]，下式提供了更加可信的预测：

$$Q_{\text{det}}[H_2O(1)]_{\text{芳香族}} = -2.181 + \frac{45.6b + 201.2d + \Delta_f H^\theta(\text{炸药})}{\text{炸药的分子量}} \qquad (1.17)$$

由表1.2可见,这个方程获得的结果与所测数据具有非常好的一致性。

表1.2 典型芳香族和非芳香族 $C_aH_bN_cO_d$ 炸药爆轰热
的预估值和试验值比较

炸药[1]	$\Delta_f H^\theta(c)/(kJ/mol)$						
	文献[1]中查得的值[2]	试验值[1]	式(1.17)预估值	式(1.18)和式(1.19)预估值	式(1.20)预估值	式(1.21)预估值	式(1.22)预估值
2,4,6-三硝基苯酚($C_6H_3N_3O_7$)	−248.4	3.437	3.456	3.487	—	3.751	3.231
2,4,6-三硝基苯胺($C_6H_4N_4O_6$)	−84.0	3.589	3.537	3.544	—	3.822	4.004
1-甲氧基-2,4,6-三硝基苯($C_7H_4N_3O_7$)	−153.2	3.777	3.908	3.899	—	3.651	3.975
2,4,6-三硝基苯甲酸($C_7H_3N_3O_8$)	−403.0	3.008	3.009	3.059	—	2.757	3.235
3-甲基-2,4,6-三硝基苯酚($C_7H_5N_3O_7$)	−252.3	3.370	3.491	3.494	—	3.651	3.975
硝酸乙酯($C_2H_5NO_3$)	−190.2	4.154	—	4.240	3.66	—	3.991
硝酸乙烷($C_2H_5NO_2$)	−134.0	1.686	—	1.797	1.91	—	2.859
硝基脲($CH_3N_3O_3$)	−282.6	3.745	—	3.785	3.26	—	4.482
尿素硝酸盐($CH_5N_3O_4$)	−134.4	3.211	—	3.484	3.69	—	3.789
1,2,3-丙三醇三硝酸酯($C_3H_5N_3O_9$)	−370.7	6.671	—	6.764	6.70	—	6.520

① 化合物的名称和化学式词汇表见附录;
② 纯炸药生成热从文献[1]中得到。

3. 对芳香族和非芳香族炸药改进的 Kamlet-Jocobs 法

已经发现,Kamlet-Jocobs 法的适当改进能够提供合适的途径来获得非芳香族炸药更加可信的爆轰热预估值[24]:

$$Q_{det}[H_2O(l)]_{非芳香族} = 2.111 + 0.915 Q_{H_2O\text{-}CO_2} - 4.584(a/d) - 0.464(b/d)$$

$$(1.18)$$

$$Q_{det}[H_2O(1)]_{芳香族} = -1.965 + 0.993Q_{H_2O-CO_2} + 0.029(a/d) - 0.106(b/d)$$

$$(1.19)$$

式中:$Q_{H_2O-CO_2}$是水为液态时,基于"H_2O-CO_2主导"的爆轰热。

式(1.18)和式(1.19)为快速预估爆轰热提供了可信的关系式,它们适用于不同种类的含能材料,包括贫氧或富氧炸药、非芳香族炸药等。表1.2对采用这些关系式预测的结果和试验数据进行了比较。

1.3.2 高能炸药常用的结构参数

1. 非芳香族炸药

对于非芳香族炸药,下式可以很好地预估其爆轰热[25]:

$$Q_{det}[H_2O(1)]_{非芳香族} = 5.081 + 0.836(d/a) - 1.604(b/d) + 2.727C_{SSP}$$

$$(1.20)$$

式中:d/a 和 b/d 分别为 O/C 和 H/O 原子数之比;C_{SSP}为在预估非芳香族 $C_aH_bN_cO_d$ 化合物的爆轰热中某些特殊结构参数的贡献。C_{SSP}值为:

(1) 对于环形硝胺,$C_{SSP} = 0.35$;

(2) 对于有—N—C(C=O)—N—官能团的非芳香族炸药,在其分子式中不多于 2 个硝基的情况下,$C_{SSP} = -1.0$。

表1.2对几种非芳香族含能化合物的 $Q_{det}[H_2O(1)]$ 预估值与试验值进行了比较。

2. 芳香族炸药

对于几种芳香族炸药,基于结构参数的关系通式为

$$Q_{det}[H_2O(1)]_{芳香族} = 2.129 + 0.178c + 0.874(d/a) + 0.160(b/d) + 0.965C_{SFG}$$

$$(1.21)$$

式中:C_{SFG} 为在预估芳香族含能 $C_aH_bN_cO_d$ 化合物的爆轰热中某些特殊官能团的贡献。对于具有特殊官能团的芳香族含能化合物,$C_{SFG}=-1.0$,这些特殊官能团是指—COOH、NH_4^+、2 个—OH(或有 1 个—OH 和 1 个—NH_2)和 3 个—NH_2。用此方法得到的预估值与试验值比较见表1.2。

3. 芳香族和非芳香族炸药通用关系式

研究表明,O/C 和 H/O 原子比、环状硝胺的存在以及某些特殊极性官能团的贡献可用于预估 $Q_{det}[H_2O(1)]$[27]:

$$Q_{det}[H_2O(1)] = 3.198+1.223(d/a)-0.625(b/d)+1.193P_{环状硝胺}-1.408C_{极性}$$
$$(1.22)$$

式中:$P_{环状硝胺}$ 为预估环状硝胺爆轰热时的修正参数;$C_{极性}$ 为在预估芳香族和非芳香族 $C_aH_bN_cO_d$ 含能化合物的爆轰热时某些特殊极性或官能团的贡献。对于环状硝胺,像 1,3,5-三硝基-1,3,5-三氮杂环己烷(RDX),$P_{环状硝胺}=1.0$。对于不同的含能化合物,$C_{极性}$ 有不同的值,其特点如下:

(1)硝基芳香族化合物:对于有特殊极性官能团的芳香族含能化合物,$C_{极性}=0.8$,这些特殊的极性官能团包括 1 个—COOH、$—O^{-1}$、2 个—OH(或 1 个—OH 和 1 个—NH_2)和 3 个—NH_2 基团。

(2)非芳香族含能化合物:对于含有极性官能团—NH_2—NO_2 的硝胺,$C_{极性}=1.25$;如果存在氨基的硝酸盐(—$NH_2 \cdot HNO_3$),则 $C_{极性}=2.5$。

(3)如果芳香族和非芳香族含能化合物不满足上述两个条件,则 $C_{极性}=0$。

1.3.3 双基和复合改性双基推进剂爆轰热的预估

双基推进剂称为无烟推进剂,它由硝化棉(NC)和硝化甘油(NG)作为该推进剂的两个主要组分。某些添加剂如燃速催化剂、改良剂和抗老化剂等被加入双基推进剂的配方中。这些添加剂在高温和低温环境下可以使推进剂产生优异的力学性能,并可改进燃速特性。由于 NG 具有极高的撞击感度,因此其他类型的硝酸酯,如乙二醇二硝酸酯(EGDN)、三乙二醇二硝酸酯(TEGDN)和三羟甲基乙烷三硝酸酯(TMETN)等也可用于不含 NG 的双基推进剂[4]。

对于复合改性双基(CMDB)推进剂,晶体的高氯酸铵(AP)、环四亚甲基四硝胺(HMX)、环三亚甲基三硝胺(RDX)和铝粉等用于和硝基聚合物混合,其目的是增加双基推进剂的能量。无论如何,CMDB 推进剂的物化特性和性能特征介于复合推进剂和双基推进剂之间。由于 CMDB 推进剂在提高比冲和调控燃速方面[4,7]有更大的潜力,故其被广泛应用。对于双基和 CMDB 推进剂,有关推进剂 Q_{det} 的数据是极其重要的,因为爆轰热直接与爆轰温度密切相关,并且间接与其他性能参数(如火药力、火药潜能以及比冲)相关。关于双基和 CMDB 推进剂 Q_{det} 的计算,已开发了两个模型,即人工神经网络(ANN)模型和多元线性回归(MLR)模型[28]。对双基推进剂和 CMDB 推进剂研究表明,基于 ANN 模型和 MLR 模型预估的爆轰热值比由质量分数和单组分爆轰热所得到的更加准确[28]。对于双基推进剂 NC 和 NG 的质量分数是影响双基推进剂 Q_{det} 值的最重要参数。对于 CMDB 推进剂,含能增塑剂的质量分数和硝胺的质量分数是最重要的参数。尽管这些方法较为复杂,但有如下的优点:

(1)不必应用每个组分的生成热;

(2)不考虑燃烧产物的情况;

(3)不限于 $C_a H_b N_c O_d$ 推进剂,可应用于含其他组分的双基推进剂和 CMDB 推进剂;

(4)与已用的其他计算机程序相比,此方法更加简单。

17

小　　结

新型含能材料的理论计算可为配方设计提供有应用前景的候选物,同时剔除不满足要求的组分。近年来,一些理论方法已用于预估有机含能化合物的 Q_{det},因炸药的爆轰行为已成为人们关注的热点。由于 Q_{expl} 是描述含能材料潜能的一个易得的参数,故在本章中介绍并展示了不同的 Q_{expl} 预估方法。

习　　题

1. 一种炸药的爆轰热和凝聚相生成热之间存在什么样的关系?

2. 基于式(1.11)所给出的分解路径,求 PBX-9010 的 $Q_{det}[H_2O(l)]$ 和 $Q_{det}[H_2O(g)]$。

3. 如果硝酸乙酯和 TATB 的多相生成热分别为 $-54.37kcal/mol$ 和 $19.4kcal/mol$,利用式(1.15)和式(1.16)计算这些含能化合物的 $Q_{det}[H_2O(l)]$。

4. 史蒂芬酸($C_6H_3N_3O_8$)的固相生成热为 $-523.0kJ/mol$[1]。

(1) 利用式(1.17)计算该化合物的 $Q_{det}[H_2O(l)]$;

(2) 基于式(1.10)和式(1.11)描述的分解路径,计算 $Q_{det}[H_2O(l)]$;

(3) 若 $Q_{det}[H_2O(l)]$ 的测定值为 $2.952kJ/mol$[1],讨论所提方法预估结果的可信度。

5. 利用式(1.18)或式(1.19)计算下列炸药的 $Q_{det}[H_2O(l)]$,并将预估值与实测值进行对比。

(1) 3-硝基-1,2,4-三唑-5-酮(NTO)($\Delta_f H^\theta(c) = 14.3kcal/mol$[1]),实

测值为 3.148kJ/g[1]);

（2）ε-六硝基六氮杂异伍兹烷（CL-20）（$\Delta_f H^\theta$（c）= 90.2kcal/mol[1]，实测值为 6.314kJ/g[1]）；

（3）1,1-二氨基-2,2-二硝基乙烯（FOX-7）（$\Delta_f H^\theta$（c）= -32.0kcal/mol[1]，实测值为 4.755kJ/g[1]）；

（4）八硝基立方烷（ONC）（$\Delta_f H^\theta$（c）= 144.0kcal/mol[1]，实测值为 7.648kJ/g[1]）。

6. 对于甘露醇六硝酸酯（$C_6H_8N_6O_{18}$），用方程式（1.20）计算 Q_{det}[H_2O(l)]。

7. 苦氨酸分子结构式：

基于方程式（1.21）计算该化合物的 Q_{det}[H_2O(l)]值。

8. Rice 和 Hare[15]用量子力学计算法预估了 NTO、CL-20 和 FOX-7 的 Q_{det}[H_2O(l)]分别为 4.711kJ/g、6.945kJ/g 和 5.971kJ/g。用式（1.22）计算这些化合物的 Q_{det}[H_2O(l)]。依据问题 5 中所给出的这些化合物的测量值，把用式（1.22）计算的结果和 Rice 和 Hare[15]得到的预估值进行比较。

第2章　爆轰温度

2.1　绝热燃烧(火焰)温度

2.1.1　燃料与空气燃烧

对一个燃烧过程,如果不对外做功且动力学和潜能不发生任何改变时,释放所储存的化学能要么以热的形式损失于环境中,要么使燃烧产物升温。热损失越小,燃烧产物的温升越高。如果没有向环境产生热损失,即燃烧发生于绝热情况,则燃烧产物的温度可达到最大值,这种燃烧温度称为反应的绝热火焰温度或绝热燃烧温度(图 2.1)。

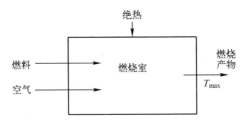

图 2.1　燃烧完全且没有热损失时的最高温度(T_{max})

对于一个恒容和恒压条件下的燃烧过程,如果没有向外部环境释放任何能量,则可以用以下两种绝热火焰温度来描述燃烧产物理论上可达到的温度:

(1) 恒容绝热火焰温度:该温度是指完全燃烧过程中的最高温度,在这个燃烧过程中没有做任何功,也没有热传递,甚至没有动能或潜能的任何改变。对于密闭的反应体系,为了从热力学上得到恒容绝热火焰温度,因没有热传递($Q=0$)且没有做任何功($W=0$),故可用下式表示:

$$U_{产物} = U_{反应物} \tag{2.1}$$

式中:$U_{产物}$为产物的内能;$U_{反应物}$为反应物的内能。

(2) 恒压绝热火焰温度:该温度是指没有发生热传递或动能和潜能没有任何改变的完全燃烧过程的最大温度值。计算恒压绝热火焰温度时可以把反应体系看作是稳态流动系统,这时 $Q=0$ 且 $W=0$,因此有

$$H_{产物} = H_{反应物} \tag{2.2}$$

式中:$H_{产物}$为产物的焓;$H_{反应物}$为反应物的焓。

由于反应体系的体积未变(未做功),因此恒容绝热火焰温度高于恒压火焰温度。因为存在不完全燃烧、裂解和热损失等现象,所示燃烧室的温度低于绝热火焰温度(图 2.2)。

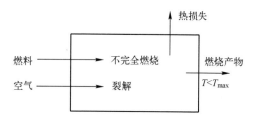

图 2.2　由于不完全燃烧、裂解和热损失,燃烧产物的温度 $T<T_{max}$

燃料完全燃烧所需要的最小空气量称为等化学当量或理论空气,该空气能保证燃料中所有的碳燃烧生成 CO_2,所有的氢燃烧生成 H_2O,所有的硫(如有一些)燃烧生成 SO_2。燃料绝热火焰温度值不是唯一的,它与反应物

的状态、反应进行的完全程度和所用空气的量密切相关。当燃料和理论上适量的空气完全燃烧时,绝热火焰温度达到最大值。

对于固体或液体反应物在标准条件下的燃烧,式(2.1)和式(2.2)可用于计算恒容绝热火焰温度和恒压绝热火焰温度,式(1.4)可用于确定 $H_{反应物}$ 或 $U_{反应物}$。因为在计算之前不知道产物的温度,所以产物的焓 $H_{产物}$ 或内能 $U_{产物}$ 的计算不能直接进行。确定绝热火焰温度通常需要利用迭代方法,该方法是利用几个高温下的 $H_{产物}$ 或 $U_{产物}$ 值进行迭代,直到 $H_{产物}$ (或 $U_{产物}$)等于或接近于 $H_{反应物}$(或 $U_{反应物}$)。此时,恒容绝热火焰温度和恒压绝热火焰温度可由这两个结果的内插法来确定。用空气作为氧化剂,产物中气体的大部分由 N_2 构成,对于绝热火焰温度,第一个好的设想是把整个产物气体看作是 N_2。由于材料所能承受的最高温度受限于冶金水平,因此在设计燃烧室、汽轮机、喷喉时恒容绝热火焰温度和恒压绝热火焰温度是一个重要的参数。测得的最大温度大多低于恒容绝热火焰温度和恒压绝热火焰温度,因为燃烧经常是不完全的,反应体系存在着热量损失,并且有些燃烧气体在高温下裂解吸热(图2.2)。为了降低燃烧室的最大温度,可使用过量的空气,以便作为冷却剂。对已知的燃料和氧化剂,按照等当量比(即所有燃料和所有氧化剂都被消耗掉的准确比例)进行混合,则过量的空气可用作设计控制绝热火焰温度的成分。

2.1.2 火药的燃烧

对于特定火药在恒压状态下的绝热燃烧,在此过程中反应体系的焓应该是恒定的,即满足式(2.2)的条件。对于不同类型的火药,由于需要复杂的计算,因此使用不同的计算程序,如 ISPBKW[12]、CHEETAH[29] 和 ZMW-NI[30]。在不同的数值计算程序中,对于设定的压力和焓值,计算的目的是寻求热力学潜能的最小值。恒压绝热火焰温度(绝热燃烧温度)往往基于不同组分的质量分数而被确定。例如,Crys 和 Trzciński[30] 比较了在 1atm 压力下,含聚四氟乙烯(PTFE)和镁粉的典型混合物其平衡计算的结果(表 2.1)。他们将 BKWS 数据库的状态方程[3]用于含氟和镁的化合物。应该指出,BK-WIDOS(式（1.13）)包括 BKWC-EOS、BKWR-EOS 和 BKWS-EOS 三种不同的参数求解方法。相比于 BKWR-EOS 和 BKWC-EOS,求解方法用在 BKWS-EOS 中的协体积假定是不变的,该方法是基于产物物质的分子结构进行求解[31]。

表 2.1　用 ZMWNI 和 CHEETAH 程序计算 70%PTFE 和 30%镁粉

混合物的恒压绝热燃烧过程所获得燃烧产物组成的比较

(产物的组成由每摩尔炸药生成的产物摩尔数给出)[30]

燃 烧 产 物	F_2Mg	F	CF_2	CF	FMg	CF_3
ZMWNI	0.564	0.167	1.75×10^{-2}	4.99×10^{-2}	6.75×10^{-2}	4.80×10^{-5}
CHEETAH	0.564	0.167	1.75×10^{-2}	4.99×10^{-2}	6.75×10^{-2}	4.80×10^{-5}
燃 烧 产 物	CF_4	C_3	F_4Mg_2	Mg	C_2F_2	C_2
ZMWNI	1.80×10^{-6}	2.75×10^{-2}	3.30×10^{-5}	6.16×10^{-3}	3.76×10^{-5}	3.79×10^{-3}
CHEETAH	1.80×10^{-6}	2.75×10^{-2}	3.30×10^{-5}	6.16×10^{-3}	3.76×10^{-5}	3.79×10^{-3}
燃 烧 产 物	F_2	C_5	C_2F_4	C_6	C_2F_6	* C 固体
ZMWNI	1.52×10^{-6}	3.51×10^{-4}	1.52×10^{-8}	1.61×10^{-4}	9.93×10^{-13}	0.473
CHEETAH	1.52×10^{-6}	3.51×10^{-4}	1.53×10^{-8}	1.61×10^{-4}	9.94×10^{-13}	0.473

从表 2.1 中可看出,对于恒压燃烧,用 ZMWNI 和 CHEETAH 程序计算的平衡值差异非常小(低于 0.2%)。固体含能材料的绝热燃烧温度常用于燃烧过程的数值模拟。由于固体火药中不同成分的质量分数可以影响绝热燃烧温度值,故而计算机程序常把不同产物平衡态时的组成作为燃烧室中特定压力下不同推进剂组分质量分数的函数来进行计算。图 2.3 表明,对于 PTFE 和 Mg(或 Al)的混合物,恒压燃烧输出的选项可用 ZMWNI 程序获得,该程序能够使基于金属质量分数的绝热燃烧温度易于确定。

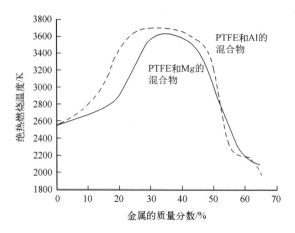

图 2.3　在 PTFE 和 Mg(或 Al)的混合物中[30]，绝热燃烧
温度与金属的质量分数之间的关系

2.2　炸药的爆轰(爆炸)温度

2.2.1　爆轰温度的测定

炸药的爆轰过程是极其快速的,这意味着所产生的气体体积没有时间膨胀到足够大的程度。如第 1 章所述,爆轰热升高了气体的温度,同时爆轰热使气体膨胀并对环境做功。因此,就绝热燃烧温度或绝热火焰温度而言,假定在绝热条件下,爆轰产物能够达到最高温度。热能的转移对气相爆轰产物的影响能够用于计算爆轰温度或爆炸温度。爆轰温度的确定是极为重要的,因为它与研究反应区的化学反应动力学和爆轰产物的热力学状态密切相关。爆轰温度是最重要的热力学参量,它对于分析爆炸转换的动力学和评估爆炸过程状态方程(EOS)的正确性尤为重要。光学方法常用于测定爆轰波阵面和爆轰产物的温度。为了在亚微秒时间分辨率下测得冲击波和爆轰波的

24

温度,发光强度光电记录仪用于高温现象的测量[32]。值得一提的是,有许多不同的测量系统用于爆轰温度的测定,它们主要差异是所用的光学系统不同。例如,Silvestrov 等[33]用一个光学高温计测量带有玻璃微球作为敏化剂的乳化炸药的爆轰波阵面发光温度。

爆轰波阵面的亮度与探测器相互作用可用于测量爆轰温度,该方法有相当高的准确度:对于液体炸药,爆轰温度测试精度为±100K;对于固体炸药,爆轰温度测试精度为±200K。任何缺陷或密度不均匀皆可导致测得的是冲击空气或冲击爆轰产物的亮度,而不是 C-J 爆轰产物的亮度。因此,密度均匀一致的体系像液体或单晶常用于测量爆轰温度。由于爆轰温度的测量较为困难,故导致爆轰温度的试验数据稀少。为了获得爆轰温度,具有绝对精度 200K 的均等摄影亮度黑体常被使用[12]。

对于测量均相不透明(或部分透明)的凝聚态炸药的爆轰温度,测定结果分散性大。这是因为制备的炸药装药量不同,且在炸药和发光透明介质之间的界面上存在外加的发光效应[33]。对于许多均质炸药,从低速安全炸药、低密度 TNT 以及 PETN 到压装 RDX 和 HMX,尽管测试有诸多困难,但研究发现,爆轰波阵面的发光温度基本在 2350 ~ 7500K 范围内[32,34]。对于一种典型炸药,测得的爆轰温度依赖于所用的测量方法。例如,PETN 在密度约为 1. 6g/cm³ 时测得的爆轰温度为 4250 ~ 6300K[33]。如果对应试验数据的状态方程 EOS 被构建,则对不同的爆炸产物而言,温度测量结果与用不同状态方程计算的结果一致。

2.2.2　爆轰温度的计算

1. 计算机程序

当前,有许多热化学程序用于计算凝聚相炸药的爆轰温度,如 BKW Fortran[12]、CHEETAH[29]和EXPLO5[11]。就一个恒容爆炸过程而言,内能的储存是一个物理过程,而温度是此条件下一个未知的状态参数。热化学程序的主要目的是确定产物的组成,它通过内能转换原理来完成,并且热力学潜能达到最小值。在所有可用于这些热化学程序的不同状态方程EOS中,对于$C_aH_bN_cO_d$炸药,BKWS-EOS预估的爆轰温度是相对较好的。在预估$C_aH_bN_cO_d$炸药的爆轰温度中,用JCZS-EOS和BKWR-EOS预估值的总体RMS(相对测量标准)误差百分数要高于用BKWS-EOS预估值的RMS误差百分数。Sućeska用含有适用于气相爆轰产物的BKW-EOS和适合于固体碳的Cowen-Fickett状态方程的EXPLO5软件计算了C-J点上的爆轰参数[11]。他把由EXPLO5计算的C-J点爆轰温度与实测值进行了比较,其结果如图2.4所示。从图2.4可看出,计算值和实测值之间存在着很好的一致性(约5%的误差)。在其他研究工作中发现,应用BKWR-EOS系列常数计算的爆轰温度值要低于由试验得到的数据,平均差约为550K(约为20%的误差)[35]。

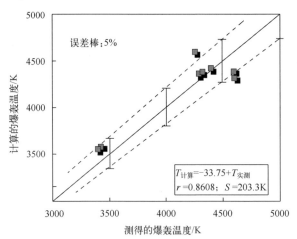

图2.4　用含有BKW-EOS的EXPLO5程序计算的几种$C_aH_bN_cO_d$炸药

爆轰温度计算值与实测值比较[11]

2. 热容的应用

为了计算爆轰温度,假设炸药的初始温度为 T_i,并且在 T_i 温度下炸药转化为气体产物。则这些气体产物的温度由于 Q_{det} 而升高到爆轰(爆炸)温度 T_{det},其中:

$$Q'_{det} = \sum n_j \Delta_f H^\theta (爆轰产物)_j - \Delta_f H^\theta (炸药)$$

T_{det} 的大小依赖于 Q_{det} 的大小,并且与每个气体产物的摩尔热容密切相关,其关系式如下:

$$Q'_{det} = \int_{T_i}^{T_{det}} \sum n_j \overline{C}_V (爆轰产物)_j dT \tag{2.3}$$

式中: $\overline{C}_V (爆轰产物)_j$ 和 n_j 分别为恒容条件下第 j 个爆轰产物的摩尔热容和摩尔数。

应用上述方程时应特别注意如下几点:

(1) 对不同的气体产物,其 $\overline{C}_V (爆轰产物)_j$ 是温度的函数。由于气体产物的热容随着温度的变化以非线性方式而改变,故温度和 $\overline{C}_V (爆轰产物)$ 之间不是简单的线性关系。在不同温度下,将气体产物的平均摩尔热容列表显示可以用于表达其关系。把产生的热量 Q_{det} 除以恒容状态下气体的平均摩尔热容可计算气体产物的温升值,其依据为

$$T_{det} = \frac{Q'_{det}}{\sum n_j \overline{C}_V (爆轰产物)_j} + T_i \tag{2.4}$$

(2) 由于恒压摩尔热容作为气体产物的函数,此 $\overline{C}_V (爆轰产物)_j$ 在相关文献中更容易得到(参见 NIST 化学网图书),故可得近似的爆轰温度:

$$T_{det,app} = \frac{Q'_{det}}{\sum n_j \overline{C}_P (爆轰产物)_j} + T_i \tag{2.5}$$

式中: $\overline{C}_P (爆轰产物)_j$ 是一个恒压条件下第 j 个爆轰产物的摩尔热容。

(3) 当使用热容方法时,必须知道爆轰产物。该方法的适用性已在 1.2

节中描述。

3. 经验方法

基于产物的热容是温度的函数这一基本原理，专业用户应用热容计算爆轰温度时，必须了解分解产物、具备编程的能力，且拥有可用代码，使用合适的状态方程才能通过计算机程序计算爆轰温度。目前已报道了几种根据 $C_aH_bN_cO_d$ 高能炸药的生成热和分子结构来估算爆轰温度的经验方法。

1）固相生成热

研究表明，利用式（1.11）得到的分解产物，$C_aH_bN_cO_d$ 高能炸药的爆轰温度可用下式求得[36]：

$$
T_{det} = T_i +
\begin{cases}
\dfrac{\Delta_f H^\theta(\text{炸药}) - 529.4d}{0.01095a - 0.1132b + 0.01335c - 0.09910d} & (2.6a) \\[4pt]
(0 \leqslant a-d) \\[8pt]
\dfrac{\Delta_f H^\theta(\text{炸药}) - 943.4a + 1230d}{-0.1914a + 0.05967b + 0.01687c + 0.2224d} & (2.6b) \\[4pt]
(0 > a-d, 0 < b/2 - d + a) \\[8pt]
\dfrac{\Delta_f H^\theta(\text{炸药}) - 172.46a - 20.58b + 283.0d}{0.01219a + 0.01584b + 0.01866c + 0.02530d} & (2.6c) \\[4pt]
(d-a-b/2 \geqslant 0, 0 \leqslant 2a-d+b/2) \\[8pt]
\dfrac{\Delta_f H^\theta(\text{炸药}) + 625.2a - 142.8b}{0.05905a - 0.04381b + 0.01866c + 0.02036d} & (2.6d) \\[4pt]
(0 \geqslant 2a-d+b/2)
\end{cases}
$$

例如，考虑用式（2.6）对 PETN 进行计算，其分子式为 $C_5H_8N_4O_{12}$，生成热 $\Delta_f H^\theta(\text{PETN}) = -538.48$ kJ/mol（见附录）。因为 PETN 满足式（2.6c）的条件，所以其 T_{det} 为

$$T_{det} = T_i + \frac{\Delta_f H^\theta(炸药) - 172.46a - 20.58b + 283.0d}{0.01219a + 0.01584b + 0.01866c + 0.02530d}$$

$$= 298 + \frac{74.8 - 172.46 \times 5 - 20.58 \times 8 + 283.0 \times 12}{0.01219 \times 5 + 0.01584 \times 8 + 0.01866 \times 4 + 0.02530 \times 12}$$

$$= 3532(K)$$

2）气相生成热

如 1.3.1 节所述,为了得到芳香族炸药的爆轰热,可以利用炸药的元素组成和估算炸药标准气相生成热之间的线性关系,以便得到两个可靠的关系式。以此方式确定爆轰温度时可忽略晶体的影响[37-38],因为对某一类型炸药来说[39],晶体生成热与气相生成热相关联。爆轰温度和爆轰热量几乎成正比关系,所以下面的方程能够预估芳香族和非芳香族炸药的爆轰温度[40]：

$$(T_{det})_{芳香族}$$

$$= \left(-75.8 + \frac{950.8a + 12.3b + 1114.9c + 1324.5d + 0.287 \times \Delta_f H^\theta(g)(炸药)}{炸药的分子量} \right) \times 10^3$$

$$(2.7)$$

$$(T_{det})_{非芳香族}$$

$$= \left(149.0 + \frac{-1513.9a - 196.5b - 2066.1c - 2346.2d + 0.287 \times \Delta_f H^\theta(g)(炸药)}{炸药的分子量} \right) \times 10^3$$

$$(2.8)$$

上述方程提供了预估炸药爆轰温度的一个简洁方法。该方法要求输入的信息仅是元素组成和炸药在气相中的生成热。至于生成热,可利用量子力学、基团加和法和经验方法进行计算[17]。

为了展示所述方法在芳香族和非芳香族高能炸药中的应用,以炸药六硝基六氮杂异伍兹烷(HNIW 或 CL-20)和六硝基芪(HNS)作为应用的范例,其分子式分别为 $C_6H_6N_{12}O_{12}$ 和 $C_{14}H_6N_6O_{12}$。CL-20 和 HNS 的 $\Delta_f H^\theta(g)$ 预估值分别为 500kJ/mol 和 150kJ/mol。将这些值应用于式(2.7)和式(2.8)中

分别得到芳香族和非芳香族炸药(HNS 和 CL-20)的理论爆轰温度如下:

$(T_{det})_{芳香族}$

$$= \left(-75.8 + \frac{950.8 \times 14 + 12.3 \times 6 + 1114.9 \times 6 + 1324.5 \times 12 + 0.287 \times 150}{450.23} \right) \times 10^3$$

$= 4185(K)$

$(T_{det})_{非芳香族}$

$$= \left(149.0 + \frac{-1513.9 \times 6 - 196.5 \times 6 - 2066.1 \times 12 - 2346.2 \times 12 + 0.287 \times 500}{438.18} \right) \times 10^3$$

$= 5072(K)$

预估的 HNS 和 CL-20 爆轰温度与在 1.3.1 节所给出的 $Q_{det}[H_2O(1)]$ 相对应的温度值一致。

3) 结构参数

在爆轰过程中,参与反应的分子的所有化学键断裂,反应物重组形成稳定的产物。氧与碳或氢的比例决定了爆轰温度值。某些结构(如特殊的官能团)参数也会影响爆轰温度值。下列方程能够应用合适的途径来预估通式为 $C_a H_b N_c O_d$ 高能炸药的爆轰温度[41]:

$$T_{det} = 5136 - 190.1a - 56.4b + 115.9c + 148.4d - 466.0 \frac{d}{a} - 700.8 \frac{b}{d} - 282.9 n_{NH_x} \quad (2.9)$$

式中:n_{NH_x} 为在含能化合物中—NH_2 和—NH_4^+ 双离子的数目。

式(2.9)提供了一个最简单的经验方法来估算爆轰温度。例如,对于 TACOT(2,4,8,10-四硝基-5H-苯并三唑[2,1,a]-苯并三唑-6-氢氧化物,惰性盐,又称四硝基-二苯并-1,3a,4,6a-四氮杂戊塔烯),其分子式为 $C_{12}H_4N_8O_8$,其 T_{det} 计算式如下:

$$T_{det} = 5136 - 190.1 \times 12 - 56.4 \times 4 + 115.9 \times 8 + 148.4 \times 8 - 466.0 \times \frac{8}{12} - 700.8 \times \frac{4}{8} - 282.9 \times 0$$

$= 4083(K)$

用应 BKWR-EOS 和 BKWS-EOS 的计算程序,预估的 TACOT 爆轰温度分别为 3330K 和 4040K。如前所述,BKWS-EOS 对高能炸药的爆轰温度预估结果更好。因此,用这种经验方法计算得到的爆轰温度更接近借助合适的状态方程由复杂的热化学程序得到的爆轰温度值。

2.2.3　预估炸药混合物爆轰温度的一个简单途径

为了优化炸药的性能,常将几种炸药混合使用,用纯炸药数据估算混合炸药的爆轰温度是可行的。研究表明,下式提供了得到可接受预估值常使用的最简单方法[40]:

$$T_{det,mix} = \sum_j x_j T_{det,j} \tag{2.10}$$

式中:x_j 为在混合炸药中第 j 个组分的摩尔分数。例如,彭托利特-50/50 是 50%PETN 和 50%TNT 的混合物($C_{2.33}H_{2.37}N_{1.29}O_{3.22}$)。借助 NIST 化学网[20]计算的 TNT($C_7H_5N_3O_6$)和 PETN($C_5H_8N_4O_{12}$)的值分别为 3kJ/mol 和 -457.7kJ/mol,计算过程中也采用了 Benson 的基团加和法[19]。据此,双组分混合物的爆轰温度值可由下式得到:

$(T_{det})_{芳香族}$

$$= \left(-75.8 + \frac{950.8\times7 + 12.3\times5 + 1114.9\times3 + 1324.5\times6 + 0.287\times3}{227.13}\right)\times10^3$$

$= 3492(K)$

$(T_{det})_{非芳香族}$

$$= \left(149.0 + \frac{-1513.9\times5 - 196.5\times8 - 2066.1\times4 - 2346.2\times12 + 0.287\times(-457.7)}{316.14}\right)\times10^3$$

$= 4470(K)$

$$T_{det,mix} = \chi_{TNT}(T_{det})_{TNT} + \chi_{PETN}(T_{det})_{PETN}$$

$$= \left(\frac{\frac{50}{227.13}}{\frac{50}{227.13}+\frac{50}{316.14}}\right)\times3492 + \left(\frac{\frac{50}{316.14}}{\frac{50}{227.13}+\frac{50}{316.14}}\right)\times4470 = 3901(K)$$

应用 BKWR-EOS 和 BKWS-EOS 的计算程序,计算的 PENTOLITE 的爆轰温度分别为 3360K 和 4030K。如前所述,BKWS-EOS 对高能炸药的爆轰温度预估结果更好。故而,用这种经验方法计算得到的爆轰温度更接近借助合适的状态方程由复杂的热化学程序得到的爆轰温度值。

小　结

本章综述了燃料燃烧、火药爆燃和高能炸药爆轰的绝热火焰温度、燃烧温度和爆轰温度的不同计算方法。就计算爆轰温度而言,为了得到可信的预估值,对气体爆轰产物使用合适的状态方程(如 BKWS-EOS)是非常重要的。对于 $C_aH_bN_cO_d$ 炸药,讨论了几种计算爆轰温度的经验方法,这些方法是预估爆轰温度最简单的方法。

习　题

1. 在设计一种新炸药时,考虑固相生成热,如何才能提高它的爆轰温度。

2. 用式(2.6)计算 COMP C-3 的爆轰温度。

3. 假设 ABH 的气相生成热为 47.9kcal/mol,用式(2.7)或式(2.8)计算它的爆轰温度。

4. 用式(2.9)计算 Cyclotol-70/30 的爆轰温度。

第 3 章 爆 轰 速 度

在爆炸过程中,爆炸物以非常高的速度进行化学反应并产生冲击波或爆轰波。由于化学反应被瞬间引发,因此在波阵面前产生较高的温度和压力梯度。化学反应加强了爆轰波在炸药中的传播。爆轰速度是爆轰波在爆炸物中传播的速度,其基本性能用爆炸分解产生的能量的函数来描述。用于计算爆炸物爆轰速度的标准流体动力学理论与发生的化学反应无关,且仅与释放的能量和最终产物的性质有关。

爆轰速度是爆炸物的表征参数。如果爆炸物的密度处于最大值,且炸药被装入比临界直径(能够传播爆轰的最小直径)大得多的圆柱中,则爆轰速度不受外部因素的影响。随着圆柱中炸药装药密度的增加,爆轰速度的值也增加。

3.1 C-J 理论和爆轰性能

与给定炸药的冲击(或 Hugoniot)绝热曲线一样,在冲击波对炸药的动态作用过程中,一层薄薄的炸药从初始(加载)密度 ρ_0 被压缩到更高密度 ρ_1。在该条件下,压缩药层的初始压力 P_0 和温度 T_0 增加到压力 P_1 和温度 T_1,从而引发化学反应。在爆轰反应完成后,密度、压力和温度达到 ρ_2、P_2 和 T_2。这种情况对应于冲击绝热曲线上爆轰产物等熵扩展到周围介质中的点。

33

对于稳态爆轰模型,可以假设点(ρ_0, P_0, T_0)、(ρ_1, P_1, T_1)和(ρ_2, P_2, T_2)位于瑞利线或迈克尔逊线上。给定炸药的爆轰速度可用于确定瑞利线的斜率。如图 3.1 所示,C-J 点对应于化学反应的结束,瑞利线与爆轰产物的绝热冲击线在该处相切。

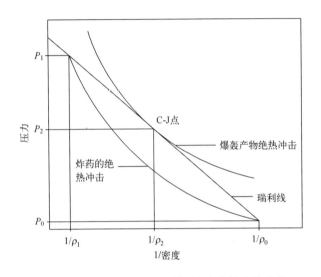

图 3.1　稳定爆轰时炸药及其爆炸产物的绝热冲击

3.2　理想和非理想炸药

可靠预测爆轰速度和其他爆轰参数是火炸药相关研究的一贯追求。由于爆轰产物瞬间达到了热力学平衡,因此传统上已经将 C-J 理论用于此研究目的。理想炸药是一类使用适当的状态方程进行稳态爆轰计算,便可以充分描述其用于工程目的炸药。理想炸药应该有短的化学反应区和小的熄爆直径,以适应于实际应用。与理想炸药相比,非理想炸药通常是很难通过C-J 理论进行建模的,因为它们相对于流体动力学时间尺度具有缓慢的化学反应速率。瞬时热力学平衡的 C-J 假设不成立,因此非理想炸药的爆轰速度与 C-J 值完全不同。

非理想炸药的爆轰性能与一些使用 BKW[31] 和 JCZ-EOS 状态方程[42] 的 BKW[12]、CHEETAH[29] 和 EXPLO5[11,35] 计算机程序预测的爆轰性能明显不同。非理想炸药的两个重要特征是高度不均匀性和在爆轰区内扩张的爆轰产物中发生二次放热反应。对于实际应用,理想的爆轰物应具有较短的反应区和较小的熄爆直径。在不同的装药直径下测得的爆轰速度相对偏差通常为百分之几。由于测量结果是装药直径的函数,因此利用稳态计算将测量数据外推至无限直径。一维平衡的稳态计算与非理想爆轰物的爆轰特性有很大不同。由于反应炸药的量可能是反应区长度的函数,因此非理想爆炸物中燃料和氧化剂的物理分离导致化学反应区的延长,扩散也可能在非理想炸药的爆轰性能测量中起主要作用。为了通过计算机程序预测非理想爆炸物的爆轰性能,可以使用部分平衡来代替复杂的反应机制。

爆炸性硝酸盐和含铝混合炸药是比较熟悉的非理想炸药。硝酸铵(AN)与铝基炸药已广泛应用于工业和军事领域。AN 用于 ANFO(硝酸铵和燃料油)、乳化炸药和阿马图炸药(TNT 和硝酸铵的混合物)。由于它们的爆轰速度不容易达到热化学计算程序给出的理论预估值,而显示出非理想性能。对于含 AN 的炸药,它们的非理想性能可以通过 AN 的低分解速率来解释。这种炸药具有宽的反应区,其中热解反应可通过横向热损失和折射波而被终断。AN 是大多数硝酸盐炸药的主要成分之一,其最小直径和临界直径相对较小。对于大多数情况,AN 不会达到流体动力学理论所预测的理想性能[31]。由于 AN 与反应产物可能完全反应或没有反应,观察到的和计算预测到的性能之间总存在着差异,这意味着基于硝酸铵的炸药可被归为非理想炸药。如果假设一定百分比的硝酸铵分解而其余部分保持原样,则可以通过热化学计算程序复现其测量爆轰速度[12]。例如,研究发现 Amatex 炸药中 50% 的硝酸铵分解,而阿马图炸药中 19% 的硝酸铵分解[12],那么它们的爆轰速度测量值可以通过 BKW 热力学程序再现。可以假设爆轰温度不同则硝酸铵分解量不同,因为温度越高爆炸物中分解的硝酸铵越多。由于铝粉是一种可燃的高能材料,向炸药中加入铝会使反应时间更长、反应温度更高。分散较好的铝粉常用于增强爆炸物的爆轰性能。铝可以使爆炸物的爆轰热增加。此外,铝还能使空中爆炸增强、水下武器的气泡能增加、反应温度提高,也会促使燃烧效应的产生。由于在气态爆轰产物膨胀期间,爆炸物中铝粉的燃烧反应发生在前沿的后面,因此铝粉仅充当惰性组分而不参与爆轰反应。含铝高能炸药在 C-J 点的氧化程度目前尚不清楚。热力学计算程序中是通过假定铝被一定程度地氧化来计算爆轰参数的。铝粉在 C-J 点附近几乎完全反应,而硝酸铵未完全反应。铝和硝酸铵都会增加它们反应时的爆轰热,但是,铝会提高爆炸产物的温度,而硝酸铵会降低爆轰产物的温度。由于铝燃烧的产物是 Al_2O_3,硝酸铵燃烧的产物是 H_2O 和 N_2,因此硝酸铵基炸药爆轰产物的颗粒密度增加,含铝炸药爆轰产物的颗粒密度降低。增加颗粒密度可以将热能转变为分子间内能。由于硝酸铵的分解降低了爆轰产物的温度,这决定了有多少硝酸铵在 C-J 点处分解。同时,铝的燃烧提高了爆轰产物的温度,进而提高了铝的燃烧速率。

3.3 爆轰速度的测量

基于被测炸药的爆轰波通过已知距离所需时间间隔的测量,可以使用不同的方法来确定爆轰速度。简单的导爆索法又称为道特里什(Dautriche)法,可用于爆轰速度的粗略估计[43],且不需要使用任何特殊且昂贵的仪器。这种方法的准确性相对较好,误差在 4.5% 左右[43]。

如图 3.2 所示,爆炸反应引爆了嵌入在炸药装药内,且相距一定距离的两个导爆索臂(探针)。爆炸开始后,导爆索产生方向相反的两个波,这两个波在某一点相遇,且这个碰撞点被标记在铅板或铝板上。其爆轰速

度为

$$D_{\text{det}}(\text{炸药装药}) = D_{\text{det}}(\text{导爆索}) \times \frac{L}{2A} \tag{3.1}$$

式中:$D_{\text{det}}(\text{炸药装药})$为被测炸药的爆轰速度(m/s);$D_{\text{det}}(\text{导爆索})$为试验中使用的已校准导爆索的爆轰速度(m/s);$A$为见证板上的标记点与导爆索中心点的距离(cm);$L$为导爆索两个探针之间的距离(cm)。

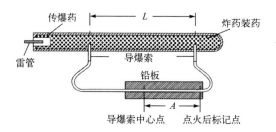

图 3.2　测量爆轰速度的道特里什法

　　光学和电学方法是确定爆轰速度的两种常规方法。确定爆轰速度的常规方法:

(1) 光学方法;

(2) 电子计数器和速度探针技术;

(3) 示波器和速度探针技术;

(4) 连续测定爆轰速度的探针和示波器技术;

(5) 光纤测速技术。

以上这些方法的细节概括如下[43]:

　　爆炸物的爆轰速度通常是在其标称组分、密度和大尺寸装药的大气环境中测量的[1]。为了计算其他条件下的爆轰速度,已经开发出炸药组分、密度、装药直径和温度函数的特定方程[9]。需要指出的是,临界直径是炸药装药能够稳定爆轰的最小直径。临界直径有强烈的结构依赖性,因此铸装炸药比压装炸药的临界直径大。此外,装药中分散的细小气孔会降低其临界直径。对于如硝酸铵一样非常钝感的材料,临界直径可能非常大。

3.4　理想炸药爆轰速度的预估

在众多不同的爆轰参数中,爆轰速度是高能炸药分子及其配方的重要性能参数之一。找到合适的方法快速预估炸药爆轰速度是很重要的,因为爆轰速度有助于选择、调整和揭示爆炸物在冲击波超压、产生碎片、射流侵彻和其他预期的终点效应等方面的性能,从而可以帮助化学家将来自无数可能的元素组合作为目标分子,以设计新型的炸药分子。与其他爆炸参数的情形一样,已经开发了许多计算程序用于计算爆轰速度,如 BKW[12]、CHEETAH[29] 和 EXPLO5[11,35]。虽然这些热动力程序被广泛应用,但它们也具有一些局限性,如输入文件的繁琐准备、计算机硬件要求、程序成本和其他一些要求。幸运的是,有许多经验关系式可用于爆轰速度的预估,其中手动计算的简易性使得这些经验公式变得非常有用。这些经验公式可用于预估现有分子和混合物的爆轰速度,并为一些新配方设计提供合适的途径。这些经验公式是用某些物理化学性能作为输入参数,并基于已有炸药的统计分析获得的。通常使用的物理化学性能包括炸药的分子式、密度、生成热和某些特定官能团或分子。文献[17,44-46]已经证明或比较了这些经验公式。Shekhar[47] 利用五种经验方法预估并比较了几种常规和新型理想 $C_aH_bN_cO_d$ 爆炸物分子的爆轰速度。相关文献中已报道了许多预估爆轰速度的经验方法,本节我们仅介绍了一些较为广泛应用且可靠的经验方法。可用的经验方法可以归类成不同变量的函数:

(1) 装药(初始)密度、元素组成和单质炸药或混合炸药的凝聚相生成热;

(2) 装药密度、元素组分和纯物质的气相生成热;

(3) 装药密度和高能炸药的分子结构;

(4) 最大可达爆轰速度。

3.4.1　爆轰速度与装药密度、元素组成以及单质炸药和混合炸药的凝聚相生成热之间的关系

下面介绍两种可靠的方法,用于研究爆轰速度与装药密度、元素组成以及单质炸药和混合炸药的凝聚相生成热之间的关系。

1. Kamlet-Jacobs(K-J)方法

K-J 方法是 Kamlet 和 Hurwitz[48]利用式(1.5)和式(1.10)获得的装药密度为 $1g/cm^3$ 的 $C_aH_bN_cO_d$ 炸药的爆轰速度关系式:

$$D_{det} = 3.9712 \, (n'_{gas})^{0.5} (\overline{M}_{w\,gas} Q_{det} [\,H_2O(g)\,])^{0.25} (1 + 1.3\rho_0) \, (km/s)$$

$$(3.2)$$

式中:n'_{gas} 为每克炸药的气体爆轰产物摩尔数;$\overline{M}_{w\,gas}$ 为气体产物平均摩尔质量(g/mol);ρ_0 为炸药的初始密度(g/cm^3)。

式(3.2)证实,对于单质爆炸物,爆轰速度的实测值与 ρ 线性相关。附录中列出了部分含有 $C_aH_bO_cN_d$ 炸药的组成和相应的凝聚相生成热。此处以 HMX 的爆轰速度计算为例。n'_{gas} 和 $\overline{M}_{w\,gas}$ 的值是基于式(1.10a)计算的:

$$C_4H_8N_8O_8 \longrightarrow 4N_2 + 4H_2O + 2CO_2 + 2C$$

$$n'_{gas} = \frac{n_{N_2} + n_{H_2O} + n_{CO_2}}{HMX\text{ 的分子量}} = \frac{4+4+2}{296.15} = 0.03378$$

$$\overline{M}_{w\,gas} = \frac{4M_{wN_2} + 4M_{wH_2O} + 2M_{wC_2O}}{n_{N_2} + n_{H_2O} + n_{CO_2}}$$

$$= \frac{4 \times 28.01 + 4 \times 18.02 + 2 \times 44.01}{4+4+2}$$

$$= 27.21$$

HMX 中的 $Q_{det}[\,H_2O(g)\,]$ 由 1.2.1 节计算得到,等于 6.18kJ/g。由于

HMX 的晶体密度为 1.89g/cm^3，因此在式(3.2)中可以使用这些值计算
HMX 的爆轰速度：

$$D_{det} = 3.9712(n'_{gas})^{0.5}(\overline{M}_{w\,gas}Q_{det}[H_2O(g)])^{0.25}(1+1.3\rho_0)$$

$$= 3.9712 \times 0.03378^{0.5} \times (27.12 \times 6.18)^{0.25} \times (1+1.3 \times 1.89)$$

$$= 9.09(km/s)$$

计算的爆轰速度与实测值 9.11km/s 接近[31]。

2. 用于 $C_aH_bN_cO_dF_eCl_f$ 炸药 K-J 法的发展

研究表明,式(1.11)给出的分解路径可用于装药密度高于 0.5g/cm^3 的
$C_aH_bN_cO_dF_eCl_f$ 爆炸物的爆轰速度预测[49]：

$$D_{det} = 5.5204(n'_{gas})^{0.5}(\overline{M}_{w\,gas}Q_{det}[H_2O(g)])^{0.25}\rho_0 + 1.97 \qquad (3.3)$$

式(3.3)与式(3.2)相比其有如下优点：

(1) 可用于含有氟或氯元素的爆炸物。

(2) 可用于装药密度小于 1.0g/cm^3 的炸药。

(3) 式(3.3)可以更准确地预测含氟或氯原子的爆炸物。对于
$C_aH_bN_cO_d$ 炸药,式(3.2)和式(3.3)的可靠性是一样的。

对于装药密度为 1.89g/cm^3 的 HMX,其中 n'_{gas}、$\overline{M}_{w\,gas}$ 和 Q_{det} 都是基于
式(1.11c)及 1.2.1 节中的计算结果 $Q_{det}[H_2O(g)] = 5.02kJ/g$ 计算得到的,即

$$C_4H_8N_8O_8 \longrightarrow 4N_2 + 4H_2O + 4CO$$

$$n'_{gas} = \frac{n_{N_2} + n_{H_2O} + n_{CO}}{HMX \text{ 的分子量}} = \frac{4+4+4}{296.15}$$

$$= 0.04052$$

$$\overline{M}_{w\,gas} = \frac{[4M_{w\,N_2} + 4M_{w\,H_2O} + 4M_{wCO}]}{n_{N_2} + n_{H_2O} + n_{CO_2}}$$

$$= \frac{4 \times 28.01 + 4 \times 18.02 + 4 \times 28.01}{4+4+4}$$

$$= 24.68$$

$$D_{det} = 5.5204(n'_{gas})^{0.5}(\overline{M}_{w\,gas}Q_{det}[H_2O(g)])^{0.25}\rho_0 + 1.97$$

$$= 5.5204 \times 0.04052^{0.5} \times (24.68 \times 5.02)^{0.25} \times 1.89 + 1.97$$

$$= 8.98(km/s)$$

由式(3.3)计算的结果也接近实测值 9.11km/s[31]。

3.4.2　爆轰速度与装药密度、元素组成和纯组分的气相生成热的关系

计算 $C_aH_bN_cO_d$ 炸药爆轰速度的简单关系式[50]:

$$D_{det} = 1.90 + \left(\frac{-2.97a + 9.32b + 27.68c + 98.9d + 0.292\Delta_fH^\theta(g)}{炸药的分子量}\right)\rho_0 \quad (3.4)$$

式(3.4)相比式(3.2)具有以下优点:

(1) 仅需要爆炸物的气相生成热,而不需要爆炸物的凝聚相生成热;

(2) 只需要元素种类,是一种非常简单的方法;

(3) 可用于密度小于 $1g/cm^3$ 的爆炸物。

如 1.3.1 节所述,CL-20 ($C_6H_6N_{12}O_{12}$) 和 HNS($C_{14}H_6N_6O_{12}$)的标准气相生成热 $\Delta_fH^\theta(g)$ 分别为 500kJ/mol 和 150kJ/mol。因此,将这些值代入式(3.4)中可以得到 CL-20($\rho_0 = 2.04g/cm^3$) 和 HNS($\rho_0 = 1.70\ g/cm^3$)的爆轰速度:

$$D_{det} = 1.90 + \left(\frac{-2.97 \times 6 + 9.32 \times 6 + 27.68 \times 12 + 98.9 \times 12 + 0.292 \times 500}{438.18}\right) \times 2.04$$

$$= 9.84(km/s)$$

$$D_{det} = 1.90 + \left(\frac{-2.97 \times 14 + 9.32 \times 6 + 27.68 \times 6 + 98.9 \times 12 + 0.292 \times 150}{450.23}\right) \times 1.70$$

$$= 7.23(km/s)$$

这些计算结果都与 CL-20(9.40km/s[51]) 和 HNS(7.00km/s[31])的实测爆轰速度接近。

3.4.3 爆轰速度与高能炸药的装药密度和分子结构的关系

文献[52]的研究表明,可以根据 $C_a H_b N_c O_d$ 炸药的分子结构来预估爆轰速度:

$$D_{det} = 1.6439 + 3.5933\rho_0 - 0.1326a - 0.0034b + 0.1206c + 0.0442d - 0.2768n_{-NRR'}$$
$$(3.5)$$

式中:$n_{-NRR'}$ 为炸药分子结构中—NH_2、NH_4^+ 或 $\begin{bmatrix} N \\ \diagdown \\ N \end{bmatrix} N$ 的个数。

式(3.5)非常简单,但是有以下两个局限:

(1) 在混合炸药中,计算结果与实测数据的偏差随着非含能添加剂的增加而增加;

(2) 该式不能用于过氧化物炸药(如 TNM 类),也不适用于过氧化物与其他组分混合的炸药(如 LX-01)。

对于含 95/2.5/2.5 HMX/聚氨酯/EDNPA-F($C_{1.47}H_{2.86}N_{2.60}O_{2.69}$),装药密度为 1.84g/cm³的 PBX-9501 炸药,根据式(3.5)计算得到的爆轰速度:

$$D_{det} = 1.6439 + 3.5933 \times 1.84 - 0.1326 \times 1.47 - 0.0034 \times 2.86 +$$
$$0.1206 \times 2.60 + 0.0442 \times 2.69 - 0.2768 \times 0$$
$$= 8.48(km/s)$$

预估的爆轰速度与实测值 8.83km/s 接近[53]。

3.4.4 最大爆轰速度

有两种方法可以用来预估爆炸物在最大装药密度或理论密度时的爆轰速度。这些方法可用于计算单质炸药或混合炸药的最大爆轰速度。

1. Rothstein-Peterson 法

Rothstein 和 Peterson[54-55]介绍了一种适于 $C_aH_bN_cO_d$ 类炸药在最大装药密度下的爆轰速度 $D_{det,max}$ 的计算方法。对于理想炸药,$D_{det,max}$ 与高能炸药的化学组成和结构关系为

$$D_{det,max}$$
$$=\left\{\frac{181.82\left[c+d+e-\dfrac{b-n(HF)}{2d}+\dfrac{AB}{3}-\dfrac{n(B/F)}{1.75}-\dfrac{n(C\!=\!O)}{2.5}-\dfrac{n(C\!-\!O)}{4}-\dfrac{n(NO_3)}{5}\right]}{炸药的分子量}-G\right\}-0.473$$

$$(3.6)$$

式中:$n(HF)$ 为由氢形成 HF 的分子数量;$n(B/F)$ 为形成 CO_2 和 H_2O 富余的氧原子数和/或形成 HF 所富余的氟原子数;$n(C\!=\!O)$ 为与碳直接双键相连的氧原子数;$n(C\!-\!O)$ 为与碳直接单键相连的氧原子数;$n(NO_3)$ 为硝酸酯或硝酸肼类的硝酸盐中—NO_3 的数量;对液体炸药,$G=0.4$,对混合炸药,$G=0$。如果 $d=0$ 或 $n(HF)>b$,则 $\dfrac{b-n(HF)}{2d}=0$。下面以 HMX 的 $D_{det,max}$ 的计算进行说明:

$$D_{det,max}=\left[\frac{181.82\times\left(8+8+0-\dfrac{8-0}{2\times8}+\dfrac{0}{3}-\dfrac{0}{1.75}-\dfrac{0}{2.5}-\dfrac{0}{4}-\dfrac{0}{5}\right)}{296.15}-0\right]-0.473$$

$$=9.04(km/s)$$

利用式(3.6)计算的 HMX 的爆轰速度与实测值 9.11km/s 接近。

2. 用元素组成和特定结构参数进行预测

研究结果表明,可开发出一种简单的、比 Rothstein-Peterson 法[54-55]更可靠的预测 $D_{det,max}$ 的方法,具体如下[56]:

$$D_{det,max}=7.678-0.1977a-0.1105b+0.2940c+0.0742d-0.6347n_{NR}-0.7354n_{mN}$$

$$(3.7)$$

式中：n_{NR} 为炸药分子中—N＝N—或 NH_4^+ 的个数；n_{mN} 为 $a=1$ 的硝基化合物中与碳原子相连的硝基的个数。

式(3.7)可以很容易地用于单质炸药和混合炸药。根据式(3.7)计算组成为 51.7/33.2/15.1NM/TNM/1-硝基丙烷（$C_{1.52}H_{3.73}N_{1.69}O_{3.39}$）的 LX-01 的 $D_{det,max}$ 的过程如下：

$$D_{det,max} = 7.678-0.1977×1.52-0.1105×3.73+0.2940×1.69+0.0742×3.39-$$
$$0.6347×0-0.7354×4×0.332$$
$$= 6.74(km/s)$$

该结果可与 LX-01 在最大装药密度 $1.24g/cm^3$ 时的实测爆轰速度 6.84km/s 较吻合[31]。

3.4.5　经验公式与计算机程序的比较

Elbeih 等[57]测试了以双环-HMX（顺式-1,3,4,6-四硝基-八氢咪唑-[4,5-d]咪唑或 BCHMX）与 C4 基体和 Viton A 混合的塑性炸药的爆轰速度。他们也测试了如 RDX、HMX、CL-20 和相同类型的黏结剂组成的硝胺炸药的爆轰速度，还利用 CHEETAH[29]、EXPLO5[11,35]和这些爆轰速度预估的经验公式估算了这些炸药的爆轰速度，研究发现计算结果与试验测试结果都非常吻合。将 BKWS-EOS 和 BKWN-EOS 的参数分别用于 CHEETAH[29]和 EXPLO5[11,35]，他们设定爆轰产物组成于 1800K 的 C-J 点等熵线上。表 3.1 对计算机程序和几种经验公式的计算结果与炸药的试验测试结果进行了比较。表 3.2 列出了利用式(3.2)、式(3.3)和式(3.5)计算得到的爆轰速度，给出了使用 EXPLO5[11,35]的计算结果和使用 BKWN-EOS 计算的几种凝聚相(固相)生成热的试验结果已知的高氮含量新型炸药的爆轰速度。

表 3.1 一些炸药爆轰速度的实测值与用计算机程序 CHEETAH 和 EXPLO5 经验公式得到的预估值的对比 [57]

炸药	分子式	$\Delta_f H^\theta$(炸药)/(kJ/mol)	ρ_0/(g/cm³)	D_{det}				
				实测值/(km/s)	CHEETAH		EXPLO5	
					预估值/(km/s)	偏差/%	预估值/(km/s)	偏差/%
RDX 晶体	$C_3H_6N_6O_6$	47.5	1.76	8.75	8.77	0.2	8.72	-0.3
RDX-C4	$C_{4.66}H_{8.04}N_6O_{5.99}$	22	1.61	8.055	7.96	-1.2	7.86	-2.4
RDX-Viton A	$C_{3.63}H_{6.46}N_6O_{5.95}F_{0.77}$	-90.3	1.76	8.285	8.33	0.5	8.3	0.2
β-HMX 晶体	$C_4H_8N_8O_8$	77	1.9	9.1	9.38	3.1	9.23	1.4
HMX-C4	$C_{6.12}H_{11.40}N_8O_{8.14}$	2.6	1.67	8.318	8.27	-0.6	8.13	-2.3
HMX-Viton A	$C_{4.82}H_{8.51}N_8O_{7.93}F_{1.02}$	-75.4	1.84	8.602	8.68	0.9	8.63	0.3
BCHMX-3% Viton B	$C_{4.23}H_{6.14}N_8O_8F_{0.33}$	173.5	1.79	8.65	8.69	0.5	8.71	0.7
BCHMX-C4	$C_{6.18}H_{10.24}N_8O_{8.08}$	55.3	1.66	8.266	8.15	-1.4	8.06	-2.5
BCHMX-Viton A	$C_{4.85}H_{6.67}N_8O_{7.99}F_{1.02}$	48.6	1.81	8.474	8.47	0.0	8.5	0.3
ε-HNIW	$C_6H_6N_{12}O_{12}$	397.8	1.96	9.44	9.37	-0.7	9.34	-1.1
HNIW-C4	$C_{9.17}H_{12.09}N_{12}O_{12.19}$	201.1	1.77	8.594	8.44	-1.8	8.43	-1.9
HNIW-Viton A	$C_{7.22}H_{6.83}N_{12}O_{11.93}F_{1.51}$	127.7	1.94	9.023	8.77	-2.8	8.85	-1.9

(续表)

炸药	实测值/(km/s)	D_{det}					
		K-J		式(3.3)		式(3.5)	
		预估值/(km/s)	偏差/%	预估值/(km/s)	偏差/%	预估值/(km/s)	偏差/%
RDX 晶体	8.75	8.62	-1.5	8.48	-3.1	8.5	-2.4
RDX-C4	8.055	7.68	-4.7	7.86	-2.4	7.8	-3.5
RDX-Viton A	8.285	—	—	8.46	2.1	—	—
β-HMX 晶体	9.1	9.11	0.1	9.02	-0.9	9.2	1.5
HMX-C4	8.318	7.91	-4.9	7.93	-4.7	8.1	-2.4
HMX-Viton A	8.602	—	—	8.85	2.9	—	—
BCHMX-3% Viton B	8.65	8.64	-0.1	8.67	0.2	8.8	1.9
BCHMX-C4	8.266	7.87	-4.8	7.89	-4.5	8.1	-2.3
BCHMX-Viton A	8.474	—	—	8.64	2.0	—	—
ε-HNIW	9.44	9.37	-0.7	9.29	-1.6	9.8	4.3
HNIW-C4	8.594	8.25	-4.0	8.3	-3.4	8.7	1.6
HNIW-Viton A	9.023	—	—	9.47	5.0	—	—

表 3.2　利用 EXPLO5 程序和一些经验公式计算的
几种新型炸药的爆轰速度

炸　药	分子式	$\Delta_f H^{\theta}$(炸药)/ (kJ/mol)	ρ_o/(g/cm³)	D_{det}/(km/s)			
				EXPLO5	K-J	式(3.3)	式(3.5)
5-硝基四唑-2-基乙腈	$C_3H_2N_6O_2$	495.86	1.747	8.36	7.98	8.15	8.33
5-(5-硝基四唑-2-基甲基)四唑-水合物	$C_3H_5N_9O_3$	297.84	1.796	8.34	8	8.01	8.9
5-(5-硝基四唑-2-基甲基)四唑	$C_3H_3N_9O_2$	549.7	1.802	8.68	8.05	8.17	8.88
5-(5-硝基四唑-2-基甲基)四唑盐铵-水合物	$C_3H_8N_{10}O_3$	128.15	1.594	7.66	7.12	6.97	8.29
5-(5-硝基四唑-基甲基)四氮唑铵	$C_3H_6N_{10}O_2$	382.9	1.601	7.86	7.2	7.24	8.27
胍5-(5-硝基四唑-基甲基)四唑盐	$C_4H_8N_{12}O_2$	567.2	1.642	8.06	7.33	7.44	8.52
氨基胍-5-(5-硝基四唑-2-基甲基)四唑盐	$C_4H_9N_{13}O_2$	615.7	1.633	8.2	7.35	7.45	8.61

3.5　非理想炸药的爆轰速度预估

虽然铝和 AN 广泛应用于军用和商用炸药,但依然难以评估它们的爆轰性能。在计算机软件程序中,所假定能参与反应的 AN 和铝的量可以根据其部分平衡关系来确定[31]。例如,仅形成固体、液体或气体的惰性 Al 原子可以包含在产品种类数据库中[31]。这种情况可以防止铝与氧或其他活性物质发生反应。通过防止 Al_2O_3 的形成可以增加气态产物的数量并减少凝聚态碳的量。因此,爆轰速度随着气体产量的增加而增加。假定完全平衡,则会产生更高含量的凝聚态 Al_2O_3,因为这种情形下会使得氧气与铝而不是与碳反应。在铝被氧化时,温度升高会形成热的、富燃料的气态和更多的固态碳,因为高温是 Al_2O_3 大量放热的结果。除了计算机程序外,还有几种经验方法可用于预估非理想含铝炸药和硝酸盐炸药的爆轰速度。下面重点介绍几种在不同配方中具有广泛应用价值的方法。

3.5.1 理想炸药和非理想炸药的爆轰速度与装药密度、元素组成以及单质炸药和混合炸药的凝聚相生成热的关系

研究表明,式(1.11)给出的分解路径可以扩展应用到 $C_aH_bN_cO_dF_eCl_f$ 类理想炸药的爆轰产物以及非理想的含铝和 AN 类炸药的爆轰产物中,以便计算它们的爆轰速度[59]。式(3.8)给出了通式为 $C_aH_bN_cO_dF_eCl_fAl_g(NH_4NO_3)_h$ 类的炸药的各种爆炸物的适当反应路径,其中铝和 AN 在这些反应中的百分比取决于其他组分的含氧量。一些铝与富氧炸药的爆轰产物如 H_2O 形成 Al_2O_3。一些 AN 分解产生 N_2、H_2O 和 O_2,并且产生的氧原子可以与缺氧的爆轰产物反应。如式(1.11)所示,还假设所有的氮都转化为 N_2,氟都转化为 HF,氯都转化为 HCl,而一部分氧原子形成 H_2O,碳原子优先被氧化成 CO 而不是 CO_2。由于高能化合物的爆轰速度取决于 n'_{gas}、$\overline{M}_{w\,gas}$ 和 $Q_{det}[H_2O(g)]$,式(3.8)的这些反应路径能够让这些参数获得理想炸药和非理想炸药爆轰速度的可靠计算方法。附录给出了一些 $C_aH_bN_cO_dF_eCl_f$ 类理想炸药和一些含铝和 AN 的非理想炸药的组成以及它们凝聚相生成热。

$$\xrightarrow[\text{(78\%AN 反应)}]{a=b=c=d=e=f=g=0,\,h=1(\text{纯 AN})} 0.78N_2(g)+1.56H_2O+0.39O_2(g)+$$

$$0.22NH_4NO_3(s) \qquad (3.8a)$$

$$\xrightarrow[\text{(97\%Al,93\%AN 反应)}]{a=b=c=d=e=f=0(\text{AN+Al})} 0.93h\text{N}_2(\text{g}) + 1.455g\text{H}_2(\text{g}) +$$

$$(1.86h - 1.455g)\text{H}_2\text{O} + 0.465h\text{O}_2(\text{g}) +$$

$$0.485g\text{Al}_2\text{O}_3(\text{s}) + 0.03g\text{Al}(\text{s}) +$$

$$0.07h\text{NH}_4\text{NO}_3(\text{s}) \tag{3.8b}$$

$$\xrightarrow[\text{(25\%Al,10\%AN 反应)}]{d \leqslant a + 0.375g - 0.3h} e\text{HF}(\text{g}) + f\text{HCl}(\text{g}) + \left(\frac{c}{2} + 0.1h\right)\text{N}_2(\text{g}) +$$

$$(d + 0.3h - 0.375g)\text{CO}(\text{g}) +$$

$$(a - d - 0.3h + 0.375g)\text{C}(\text{s}) +$$

$$\left(\frac{b-e-f}{2} + 0.2h\right)\text{H}_2(\text{g}) + 0.125g\text{Al}_2\text{O}_3(\text{s}) +$$

$$0.75g\text{Al}(\text{s}) + 0.9h\text{NH}_4\text{NO}_3(\text{s}) \tag{3.8c}$$

$$\xrightarrow[\text{(36\%Al,13\%AN 反应)}]{a + 0.54g - 0.39h < d < a + \frac{b-e-f}{2} + 0.54g - 0.78h} e\text{HF}(\text{g}) + f\text{HCl}(\text{g}) + \left(\frac{c}{2} + 0.13h\right)\text{N}_2(\text{g}) +$$

$$a\text{CO}(\text{g}) + (d + 0.39h - a - 0.54g)\text{H}_2\text{O} +$$

$$\left(\frac{b-e-f}{2} - 0.13h - d + a + 0.54g\right)\text{H}_2(\text{g}) +$$

$$0.18g\text{Al}_2\text{O}_3(\text{s}) + 0.64g\text{Al}(\text{s}) +$$

$$0.87h\text{NH}_4\text{NO}_3(\text{s}) \tag{3.8d}$$

$$\xrightarrow[\text{(30\%Al,15\%AN 反应)}]{a + \frac{b-e-f}{2} + 0.45g - 0.9h \leqslant d < 2a + \frac{b-e-f}{2} - 0.9h + 0.45g} e\text{HF}(\text{g}) + f\text{HCl}(\text{g}) + \left(\frac{c}{2} + 0.15h\right)\text{N}_2(\text{g}) +$$

$$\left(\frac{b-e-f}{2} - 0.45g\right)\text{H}_2\text{O}(\text{g}) +$$

$$\left(2a - d + \frac{b-e-f}{2} - 0.45h\right)\text{CO}(\text{g}) +$$

$$\left(d - a - \frac{b-e-f}{2} + 0.45h\right)\text{CO}_2(\text{g}) +$$

$$(0.45g+0.3h)H_2(g)+$$
$$0.15gAl_2O_3(s)+0.7gAl(s)+$$
$$0.85hNH_4NO_3(s) \qquad (3.8e)$$

$$\xrightarrow[\text{(30\%Al,15\%AN 反应)}]{d\geqslant2a+\frac{b-e-f}{2}-0.9h+0.45g} eHF(g)+fHCl(g)+\left(\frac{c}{2}+0.15h\right)N_2(g)+$$

$$\left(\frac{b-e-f}{2}+0.3h\right)H_2O(g)+aCO_2(g)+$$

$$\left(\frac{d}{2}+0.075h-a-\frac{b-e-f}{4}-0.225g\right)O_2(g)+$$

$$0.15gAl_2O_3(s)+0.7gAl(s)+$$
$$0.85hNH_4NO_3(s) \qquad (3.8f)$$

因此,可以用下面的式子来预测通式为 $C_aH_bN_cO_dF_eCl_fAl_g(NH_4NO_3)_h$ 的理想炸药和非理想炸药的爆轰速度[59]:

$$D_{det}=5.468(n'_{gas})^{0.5}(\overline{M}_{w\,gas}Q_{det}[H_2O(g)])^{0.25}\rho_0+2.05 \qquad (3.9)$$

表3.3给出了几种理想炸药和非理想炸药的计算数据。式(3.9)是3.4.2节中给出的改进方法,适应于 $C_aH_bN_cO_dF_eCl_f$ 类理想炸药及含铝和AN的非理想炸药。

3.5.2　利用分子结构预测理想炸药和非理想炸药的爆轰速度

含铝和硝酸盐炸药的爆轰速度为[60]

$$D_{det}=1.64+3.65\rho_0-0.135a+0.117c+0.0391d-0.295n_{NR_1R_2}-0.620n'_{Al}-0.620n'_{硝酸盐}$$
$$(3.10)$$

式中:$n_{NR_1R_2}$ 为爆炸物中特定基团 NR_1R_2 的数量;n'_{Al}、$n'_{硝酸盐}$ 为修正参数,分别代表一定条件下混合炸药中铝原子的摩尔数和硝酸盐的摩尔数。

表 3.3 计算不同理想炸药和非理想炸药爆轰速度的例子

路径	名称	$\rho_0/$ (g/cm³)	实测 $D_{det}/$ (km/s)	产物的摩尔数/高能炸药的摩尔数												$n'_{gas}/$ (mol/g)	$\overline{M}_{w\,gas}/$ (g/mol)	Q_{det} [$H_2O(g)$] /(kJ/g)	预估 $D_{det}/$ (km/s)
				HF	HCl	N_2	CO	CO_2	H_2	H_2O	O_2	C(s)	Al_2O_3(s)	Al(s)	AN(s)				
2a	AN（纯净物）	1.05	4.50	—	—	0.78	—	—	—	1.56	0.39	—	—	—	0.22	0.0341	22.87	1.12	4.43
2b	AN/Al(70/30)	1.05	5.40	—	—	0.81	—	—	1.62	0.01	0.41	—	0.54	0.03	0.06	0.0285	13.80	6.17	4.99
2c	LX-17	1.91	7.63	0.2	0.05	1.08	2.15	—	0.96	—	—	0.14	—	—	—	0.0444	22.12	1.95	7.69
2d	DEGN	1.38	6.76	—	—	1.00	4.00	—	1.00	3.00	—	—	—	—	—	0.0459	21.79	3.83	6.93
2e	ANFO 6/94	0.88	5.50	—	—	1.00	0.09	0.28	—	2.36	—	—	—	—	—	0.0437	23.03	3.69	5.10
2f	NG	1.59	7.58	—	—	1.50	—	3.00	—	2.50	0.25	—	—	—	—	0.0319	32.15	6.23	7.89

51

特定基团 NR_1R_2 包括—NH_2、NH_4^+,和所有炸药中含有 3 个或 4 个氮的五元环,以及硝胺笼中的五元(或六元)环。n'_{Al} 一般为炸药分子中铝的摩尔数,但是以下情况应当加以修正:

(1) 如果 $d \leq a + 0.1$,则 $n'_{Al} = 0.75n_{Al} + 1.00$;

(2) 如果 $d \geq a + b/2$,则 $n'_{Al} = n_{Al} - 0.375$。

$n'_{硝酸盐}$ 一般情况下等于硝酸盐的摩尔数,但是以下两种情况除外:

(1) 如果 $d \leq a + \dfrac{3b}{5}$,则 $n'_{硝酸盐} = n_{硝酸盐} - 1.50$;

(2) 如果 $d \geq 2a + \dfrac{b}{4}$,则 $n'_{硝酸盐} = 1.75n_{硝酸盐}$。

为了将式(3.10)用于计算含铝炸药的爆轰速度,计算 100g 炸药的爆轰速度时,应考虑通式为 $C_aH_bN_cO_dAl_e$ 的炸药中额外的铝摩尔数,如 TNT/Al(89.4/10.6)的通式为 $C_{2.576}H_{1.968}N_{1.181}O_{2.362}Al_{0.3929}$,那么 100g 的 TNT 和 Al 的混合物的通式应改为 $C_{3.084}H_{2.203}N_{1.322}O_{2.463}Al_{0.440}$。

例如:

$$C:2.756 \times \frac{100}{89.4} = 3.0841$$

$$H:1.968 \times \frac{100}{89.4} = 2.203$$

$$N:1.181 \times \frac{100}{89.4} = 1.322$$

$$O:2.362 \times \frac{100}{89.4} = 2.643$$

$$Al:0.3929 \times \frac{100}{89.4} = 0.440$$

因此,装药密度为 $1.72g/cm^3$ 的 TNT/Al(89.4/10.6)的爆轰速度根据情况(1)计算:

$$D_{\text{det}} = 1.64+3.65\times1.72-0.135\times3.084+0.117\times2.203+$$

$$0.0391\times2.643-0.295\times0-0.620\times(0.75\times0.44+1.00)-1.41\times0$$

$$= 6.94(\text{km/s})$$

预估的结果与实测值 7.05km/s[31] 接近。

式(3.10)有如下两个局限：

（1）这种新方法不适用于如 TNM 类的高过氧化炸药和与其他组分（如 LX-01 类）一起组成的混合物；

（2）随着非含能添加剂用量的增加，预估值与实测值之间的偏差增大。

3.5.3　$C_aH_bN_cO_dF_e$ 和含铝炸药的最大爆轰速度

对于 $C_aH_bN_cO_dF_e$ 和含铝炸药，可用式(3.11)预估它们的最大爆轰速度[61]：

$$D_{\text{det,max}} = 7.03-0.162a-0.0206b+0.228c+0.0714d+$$

$$0.996D_{\text{det,max}}^{\text{Inc}}-0.741D_{\text{det,max}}^{\text{Dec}} \tag{3.11}$$

式中：$D_{\text{det,max}}^{\text{Inc}}$、$D_{\text{det,max}}^{\text{Dec}}$ 为矫正系数，它基于 a、b、c、d 的值，并随着氟和铝的含量增大或减小。对于单质炸药和混合炸药，$D_{\text{det,max}}^{\text{Inc}}$ 和 $D_{\text{det,max}}^{\text{Dec}}$ 的值在下面进行介绍。

1. 单质炸药

1）$D_{\text{det,max}}^{\text{Inc}}$ 的预估

（1）在环状杂芳烃中满足以下条件之一时，$D_{\text{det,max}}^{\text{Inc}} = 0.8$：含有—NH—$NO_2$、多个—$NNO_2$、肼的硝酸盐衍生物或 N—C($NO_2$)—N。

（2）对于氟化芳香族化合物，$D_{\text{det,max}}^{\text{Inc}} = 0.5$。

（3）对于 $b=0$ 的炸药，$D_{\text{det,max}}^{\text{Inc}} = 1.0$。

2) $D_{\text{det,max}}^{\text{Dec}}$ 的预估

（1）含有一个—C（＝O）—C（＝O）—和两个—C（＝O）—基团时 $D_{\text{det,max}}^{\text{Dec}} = 1.75$；含有一个乙醚基时，$D_{\text{det,max}}^{\text{Dec}} = 0.7$。

（2）炸药中 $a = 1$ 时，$D_{\text{det,max}}^{\text{Dec}}$ 等于与碳原子相连的硝基的数量 n_{NO_2}。

（3）对于 CHNF 类炸药，$D_{\text{det,max}}^{\text{Dec}} = 1$。

（4）在多硝杂芳烃中含有 1,3,5-三嗪吡啶或吡啶环时，$D_{\text{det,max}}^{\text{Dec}} = 1.7$。

2. 混合炸药

1）理想炸药

（1）硝胺类混合炸药：对于含有一个—NH—NO_2 或多个—NNO_2，或一个肼的硝酸盐衍生物的硝胺炸药，$D_{\text{det,max}}^{\text{Inc}}$ 的值取决于高能炸药的质量分数（WHPE）。当 WHPE $\geqslant$ 85 时，$D_{\text{det,max}}^{\text{Inc}} = 1.1$；当 50 $\leqslant$ WHPE < 85 时，$D_{\text{det,max}}^{\text{Inc}} = 0.8$；当 WHPE < 50 时，$D_{\text{det,max}}^{\text{Inc}} = 0$。

（2）含有 TNM 和 NM 时，$D_{\text{det,max}}^{\text{Dec}} = 1.0$；对于 TNM 的其他液体炸药，$D_{\text{det,max}}^{\text{Dec}} = 0.5$。

2）含铝炸药

（1）对含有多个—NNO_2 的硝胺类炸药，炸药和铝的摩尔比例 $n_{\text{exp}}/n_{\text{Al}}$ 可用来确定 $D_{\text{det,max}}^{\text{Inc}}$ 和 $D_{\text{det,max}}^{\text{Dec}}$。当 $n_{\text{exp}}/n_{\text{Al}} > 0.13$ 时，$D_{\text{det,max}}^{\text{Inc}} = n_{\text{exp}}/n_{\text{Al}}$；当 $n_{\text{exp}}/n_{\text{Al}} \leqslant 0.13$ 时，$D_{\text{det,max}}^{\text{Dec}} = 0.4$。

（2）对于含氧量足够高的高能炸药，如 $d > a + b/2$，$D_{\text{det,max}}^{\text{Inc}} = 0.70$。

表 3.4 是为以上主要条件的汇总。式（3.11）可用于单质炸药、$C_a H_b N_c O_d F_e$ 类的混合炸药和含铝炸药。因此式（3.11）与式（3.6）和式（3.7）相比的主要优点是应用范围更广。例如装药密度为 1.68g/cm³、通式为 $C_{2.79} H_{2.31} N_{0.99} O_{1.98} Al_{0.69}$ 的 74.766/18.691/4.672/1.869 TNT/Al/石蜡/石墨炸药的最大爆轰速度可用下式求得

54

$$D_{\text{det,max}} = 7.03 - 0.162 \times 2.79 - 0.0206 \times 2.31 + 0.228 \times 0.99 + 0.0714 \times 1.98 +$$

$$0.996 \times 0 - 0.741 \times 0$$

$$= 6.90 (\text{km/s})$$

估算值与实测值 6.50km/s[12] 接近。

表 3.4　预估的 $D_{\text{det,max}}^{\text{Inc}}$ 和 $D_{\text{det,max}}^{\text{Dec}}$ 汇总

炸　药			官能团或部分结构	$D_{\text{det,max}}^{\text{Inc}}$	$D_{\text{det,max}}^{\text{Dec}}$	条　件
$C_aH_bN_cO_dF_e$ 单质炸药		硝胺	一个—NH—NO_2 或多个—NO_2	0.8	0	—
		肼的硝酸盐衍生物	—			
		环状杂芳烃	N—C(NO_2)—N			
		氟化芳香族化合物	氟连在芳香环上	0.5	0	—
		不含氢原子的高能化合物	—	1.0		—
		含有羰基或一个乙醚基的含能化合物	一个—C(=O)=C(=O)—	0	1.75	—
			两个—C(=O)—或一个醚基官能团	0	0.7	—
		含有一个碳的硝基化合物	—	0	n_{NO_2}	—
		CHNF 炸药	—	0	1.0	—
		多硝基杂芳烃	1,3,5-三嗪或吡啶环	0	1.7	—
100g 的高能炸药混合物	固态混合物	硝胺或肼的硝酸盐衍生物	一个—NH—NO_2 或多个—NNO_2	1.1	0	WPHE≥85
				0.8	0	50≤WPHE<85
				0	0	WPHE<50
		含铝炸药	多个—NNO_2	$n_{\text{exp}}/n_{\text{Al}}$	0	$n_{\text{exp}}/n_{\text{Al}}>0.13$
				0	0.4	$n_{\text{exp}}/n_{\text{Al}}≤0.13$
			—	0.7	0	炸药中 $d>a+b/2$
	液态混合物	TNM 和 NM 的混合物	—	1.0	0	—
		TNM 和其他有机物的混合物	—	0.5	0	—

小　结

本章总结了预估理想炸药和非理想炸药爆轰速度的不同方法。对于含 AN 和含铝的高能混合炸药的主要难点是不确定在 C-J 点处铝和 AN 参与反应的程度。对于贫氧炸药,可以假设少量的铝能与爆炸产物反应。此外,贫氧炸药中更高含量的 AN 可能会降低爆轰速度。本章介绍的方法可用于理想爆轰物及非理想爆轰物的爆轰速度预估,其预估值与试验值仅相差百分之几。

习　题

1. 如果测量的装药密度为 $1.86g/cm^3$ 的 LX-10 的爆轰速度为 $8.82km/s$:

(1) 用式(3.2)和式(3.3)计算其爆轰速度;

(2) 比较计算值与实测值的百分比误差。

2. 如果 Oclotol-76/23 的气相生成热为 $11.15kJ/mol$,请用式(3.4)计算其在装药密度为 $1.81g/cm^3$ 时的爆轰速度。

3. 用式(3.5)计算 TNTAB 在装药密度为 $1.74g/cm^3$ 时的爆轰速度。

4. 用式(3.6)和式(3.7)计算三硝基苯酚的最大爆轰速度,三硝基苯酚的结构如下:

5. 用式(3.9)计算 TNTEB/Al(90/10)在装药密度为 1.75g/cm^{3}时的爆轰速度。

6. 用式(3.10)计算 AMATEX-20 在装药密度为 1.66g/cm^{3}时的爆轰速度。

7. 用式(3.11)计算 PBXC-117 的最大爆轰速度。

第 4 章　爆 轰 压 力

爆轰压力是炸药最重要的爆轰参数之一,多年来一直被认为是衡量起爆炸药性能的主要指标之一。根据 C-J 条件的定义确定与时间无关的化学平衡非常重要。由于爆轰波的非稳态特性,可以将预估的爆轰压力值与实测的 C-J 压力值的差控制在 10%~20% 范围内。非理想炸药的爆轰压力与一维、稳态、平衡条件下预估的爆轰压力显著不同。

4.1　爆轰压力与爆轰速度之间的关系

在爆轰过程中,化学反应通过炸药进行超声速传播,如图 4.1 所示。根据 Zeldovich-von Neumann-Doering (ZND)爆轰模型,在冲击波作用下的化学反应以一定的速率在化学反应区传播[62]。图 4.2 为基于 ZND 模型的爆轰波结构图,其中包括:

(1) 化学反应区前面的冲击波前沿,即化学峰或冯·纽曼尖峰;

(2) 稳态的化学反应区;

(3) C-J 点;

(4) 爆轰产物等熵膨胀的泰勒(折射)稀疏波。

由于在极端温度和压力条件下,炸药的化学反应应该在波阵面前沿快速发生,反应的能量可以维持冲击波的传播,因此 C-J 点上的爆轰压力可以

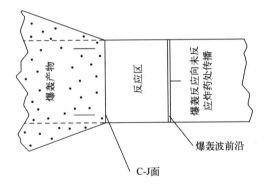

图 4.1 化学反应通过炸药超声速传播

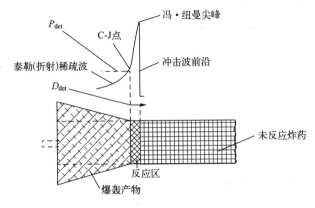

图 4.2 基于 ZND 模型的爆轰波结构

在动量平衡的基础上给出[62]：

$$P_{det} = \rho_0 D_{det} W_{C\text{-}J} \qquad (4.1)$$

式中：P_{det} 为爆轰压力；$W_{C\text{-}J}$ 为气态产物（烟雾）在 C-J 点处的速度。

需要指出的是，炸药的初始压力（环境压力）与爆轰压力 P_{det} 相比很小，在式（4.1）中忽略不计。因此，如果炸药的初始密度可以增加到最大值，则爆轰压力将会显著增加。相反，使用更加松散的炸药会显著降低爆轰压力和爆轰速度。如图 3.1 可知，绝热指数定义为绝热线对数斜率的负数[12]：

$$\gamma = -\left(\frac{\partial \ln P}{\partial \ln \frac{1}{\rho}}\right)_{\mathrm{s}} \tag{4.2}$$

因此,绝热指数可以用 C-J 点处等熵气体中的初始压力与体积的斜率来预估,是 ρ_0 的函数。C-J 点处的绝热指数也可以用下式表示[62]:

$$\gamma = \frac{1}{\dfrac{\rho_0}{\rho_{\mathrm{C\text{-}J}}} - 1} \tag{4.3}$$

式中:$\rho_{\mathrm{C\text{-}J}}$ 为 C-J 点的密度。

联立式(4.1)、式(4.3)和 Rankine-Huguniot 跳跃的质量平衡式为

$$\frac{\rho_0}{\rho_{\mathrm{C\text{-}J}}} = \frac{D_{\mathrm{det}} - W_{\mathrm{C\text{-}J}}}{D_{\mathrm{det}}}$$

可得[12]

$$P_{\mathrm{det}} = \frac{\rho_0 D_{\mathrm{det}}^2}{\gamma + 1} \tag{4.4}$$

如式(4.4)所示,在指定的炸药装药密度下,已知 γ 有助于通过 D_{det}^2 预估 P_{det} 的值,反之亦然。γ 对元素组成相对不敏感,被广泛用于炸药领域。假设 γ 与元素组成无关,已经发展了几种是装药密度函数的关系式[63-66]。Kamlet 和 Short[65] 介绍了一个 "伽马规则" 形式的恰当关系式来计算 γ。它们的关系式可以用作装药密度大于 $1\mathrm{g/cm^3}$ 的 $\mathrm{C}_a\mathrm{H}_b\mathrm{N}_b\mathrm{O}_d$ 炸药在选择爆轰参数试验结果过程中的标准。在可用的关系式中,已报道的经验公式中下式[66] 的预测结果与相关的试验结果一致性较好:

$$\gamma = 1.819 - \frac{0.196}{\rho_0} + 0.712\rho_0 \tag{4.5}$$

由于理想炸药爆轰速度的数据可测范围比爆轰压力的可测范围更广,因此可以用式(4.4)和式(4.5)在较宽的装药密度范围内(如 $0.2 \sim 2\mathrm{g/cm^3}$)可靠的预估爆轰压力。例如,装药密度为 $1.705\mathrm{g/cm^3}$ 的 EDC-24,95/5

HMX/石蜡所预估的爆轰速度为 8300m/s。将这些值代入式(4.4)和式(4.5)中可得到 γ 和 P_{det}:

$$\gamma = 1.819 - \frac{0.196}{1.776} + 0.712 \times 1.776 = 2.973$$

$$P_{det} = \frac{1.776g/cm^3 \times \frac{1kg}{1000g} \times \frac{10^6 cm^3}{1m^3} \times (8713m/s)^2}{2.973 + 1}$$

$$= 3.394 \times 10^{10} Pa$$

$$= 339.4(kbar)$$

预估的爆轰压力接近于试验测试结果 334kbar[12]。

4.2　爆轰压力的测量

与通常可以测到百分之几误差的爆轰速度测试不同,爆轰压力和爆轰温度的测量准确度较差。由于反应区中存在非平衡效应,因此确定的爆轰压力测量误差范围为 10%~20%[12]。例如,在同一试验中,不同类型的测试方法测试装药密度为 1.73g/cm³ 的 COMP B 的爆轰压力,最低值和最高值之间的测量误差最大为 16.4%[17]。通常基于不同的物理原理的动态方法测量 C-J 点的压力和反应区中化学反应的持续时间。爆轰参数的试验测量方法可以分为两类:

(1) 内部方法。在这些方法中直接确定爆轰参数。例如,可以使用锰铜压力计直接测定爆轰压力[43]。尽管锰铜压力计的时间分辨率大约在纳秒级,但对于窄反应区的可靠测量还是不够的。

(2) 基于从障碍物反射的冲击波后的状态识别的方法。例如,可以使用光学方法或者电离探针和示波器技术来确定爆轰压力。这类方法的细节将在后面讨论[43]。

4.3 理想炸药爆轰压力的预估

除了式(4.4)和前面章节中描述的计算机程序外,还有一些经验方法可用于理想炸药和非理想含铝炸药爆轰压力的预估。可用的经验方法可以归纳为不同变量的函数(爆轰速度的预估也是如此)。

4.3.1 单质炸药和混合炸药的爆轰压力与装药密度、元素组成和凝聚相生成热之间的关系

相关文献报道了预估爆轰压力为不同变量的函数的各种方法,这些变量包括装药密度、元素组成和单质或混合炸药的凝聚相生成热。下面介绍几种广泛应用的方法。

1. 使用 K-J 法

使用式(1.5)和式(1.10)的 K-J 法[5]也称为 Kamlet-Ablard 法[68],预估装药密度高于 $1\mathrm{g/cm^3}$ 的 $C_aH_bN_cO_d$ 炸药爆轰压力为

$$P_{\mathrm{det}} = 240.86 n'_{\mathrm{gas}} (\overline{M}_{\mathrm{w\,gas}} Q_{\mathrm{det}}[\mathrm{H_2O(g)}])^{0.5} \rho_0^2 (\mathrm{kbar}) \tag{4.6}$$

Kamlet 和 Diekinson[69]研究表明,式(4.6)可以通过试错法的高精度计算方法计算爆轰压力。Kazandjian 和 Danel[70]指出,在 K-J 法的假设下,爆轰压力与下式成正比:

$$n'_{\mathrm{gas}} (\overline{M}_{\mathrm{w\,gas}} Q_{\mathrm{det}}[\mathrm{H_2O(g)}])^{0.5} \rho_0^2$$

由式(4.6)可知,对于单独的炸药其爆轰压力的测试值与 ρ_0^2 成正比。

例如,使用 3.4.1 节所计算的 HMX 的 n'_{gas} 和 $\overline{M}_{wgas}$ 的值,以及 1.2.1 节计算得到 HMX 的 $Q_{det}[H_2O(g)]$ 的值为 6.18kJ/g,则可计算装药密度为 1.89g/cm^3 的 HMX 的爆轰压力为

$$P_{det} = 240.86n'_{gas}(\overline{M}_{w\,gas}Q_{det}[H_2O(g)])^{0.5}\rho_0^2$$
$$= 3.9712 \times 0.03378 \times (27.12 \times 6.18)^{0.5} \times 1.89^2$$
$$= 376.9(kbar)$$

试验测试 HMX 的爆轰压力为 390kbar[31],因此计算值与测试值的相对偏差为 -3.5%。

2. 适用于 $C_aH_bN_cO_dF_eCl_f$ 炸药的改进 K-J 法

与预测爆轰速度的情形相同,式(1.11)给出的分解路径被用作预测装药密度高于 0.8g/cm^3 的 $C_aH_bN_cO_dF_eCl_f$ 炸药的爆轰压力[71]:

$$P_{det} = 245.5n'_{gas}(\overline{M}_{w\,gas}Q_{det}[H_2O(g)])^{0.5}\rho_0^2 - 11.2 \qquad (4.7)$$

3.4.1 节中介绍的优点同样适用于式(4.7)。

使用 3.4.1 节中所计算的 HMX 的 n'_{gas}、$\overline{M}_{w\,gas}$ 和 $Q_{det}[H_2O(g)]$ 的值,可以根据下式计算得到装药密度为 1.89g/cm^3 的 HMX 的爆轰压力:

$$P_{det} = 245.5 \times n'_{gas}(\overline{M}_{w\,gas}Q_{det}[H_2O(g)])^{0.5}\rho_0^2 - 11.2$$
$$= 245.5 \times 0.04052 \times (24.68 \times 5.02)^{0.5} \times 1.89^2 - 11.2$$
$$= 384.3(kbar)$$

计算值与试验测试值的相对偏差为 -1.5%[31]。

4.3.2　爆轰压力与装药密度、元素组成及单纯组分的气相生成热的关系

用 3.4.2 节中预测爆轰速度相同的方法预测 $C_aH_bN_cO_d$ 炸药的爆轰压力[72]:

$$P_{det} = -2.6 + \left(\frac{1026a + 226b + 1031c + 3150d + 30.7\Delta_f H^\theta(g)}{M_w} \right)\rho_0^2 \quad (4.8)$$

3.4.2 节中所介绍的爆轰速度计算方法的优点同样适用于式(4.8)。使用可靠的方法预估 $\Delta_f H^\theta(g)$ 非常重要。例如,通式为 $C_6H_6N_6O_6$ 的 2,4,6-三氨基-1,3,5-三硝基苯(TATB)是耐热炸药。使用 B3LYP/6-31G* 和 PM3 的半经验公式计算的 TATB 的 $\Delta_f H^\theta(g)$ 分别为 30.08kJ/mol 和 -45.18kJ/mol[73]。因此,使用这些数据计算装药密度为 1.86g/cm^3 的 TATB 的爆轰压力:

$$P_{det} = -2.6 + \left(\frac{1026\times6 + 226\times6 + 1031\times6 + 3150\times6 + 30.7\times30.08}{258.15} \right)\times1.86^2$$

$$= 281.8(kbar)$$

$$P_{det} = -2.6 + \left[\frac{1026\times6 + 226\times6 + 1031\times6 + 3150\times6 + 30.7\times(-45.18)}{258.15} \right]\times1.86^2$$

$$= 250.8(kbar)$$

由于 B3LYP/6-31G* 比 PM3 法给出的 $\Delta_f H^\theta(g)$ 的值更加可靠,因此使用 3LYP/6-31G* 给出的爆轰压力预估值与试验测试值 291kbar 更加接近[31]。

4.3.3 爆轰压力与高能炸药装药密度及分子结构的关系

使用下式预估 $C_aH_bN_cO_d$ 炸药的爆轰压力[74]:

$$P_{det} = -22.32 + 104.04\rho_0^2 - 10.981a - 1.997b + 5.562c + 5.539d -$$
$$23.68n_{-NH_x} - 154.1n_1^0 \quad (4.9)$$

式中:n_{-NH_x} 为含能化合物中-NH$_2$和NH$_4^+$的个数;对于 $d>3(a+b)$ 的含能化合物 $n_1^0=1.0$。

式(4.9)与式(3.5)的两个限制条件相同。如式(4.9)所示,不需要使用炸药的气相或凝聚相生成热。例如,用式(4.9)计算组成为 60/40 HMX/

64

TNT 的 Octol-60/40($C_{2.04}H_{2.50}N_{2.15}O_{2.68}$)在装药密度为 1.80g/cm³ 时的爆轰压力为

$$P_{det}=-22.32+104.04\times1.80^2-10.981\times2.04-1.997\times2.50+5.562\times2.15+$$
$$5.539\times2.68-23.68\times0-154.1\times0=309(kbar)$$

计算的结果与试验测试结果 320kbar[31] 接近。

4.3.4　最大爆轰压力

通式为 $C_aH_bN_cO_d$ 炸药的最大爆轰压力或理论密度下的爆轰压力可用下式计算[75]：

$$P_{det,max}=221.5-20.44a-2.245b+17.22c+16.14d-79.07C_{SSP}-66.34n_N$$

$$(4.10)$$

当炸药分子中含有 N＝N—、—ONO_2、NH_4^+ 或—N_3 时，$C_{SSP}=1.0$，$n_N=0.5n_{NO_2}+1.5$，其中 n_{NO_2} 是在 $a=l$ 的硝基化合物中与碳相连的硝基的数量。例如，用式（4.10）计算组成为 50/50 RDX/TNT 的 Cyclotol-50/50（$C_{2.22}H_{2.45}N_{2.01}O_{2.67}$）的最大爆轰压力为

$$P_{det,max}=221.5-20.44\times2.22-2.245\times2.45+17.22\times2.01+$$
$$16.14\times2.67-79.07\times0-66.34\times0=248.3(kbar)$$

计算结果与 Cyclotol-50/50 在最大装药密度 1.63g/cm³ 下测试的爆轰压力 231kbar[31] 接近。

4.4　非理想含铝炸药爆轰压力的预估

研究结果表明，使用现有热力学计算程序计算得到的非理想炸药 C-J 爆

轰参数与试验测试结果存在显著差异[31],可以认为是反应中的非平衡效应可能导致这种偏差。如果在 C-J 点前但在纽曼峰之后进行测量,则爆轰压力值会比化学平衡计算的结果高[31]。对含铝炸药,所使用的铝颗粒的平均尺寸为 101μm。然而铝在参加反应之前需要几微秒的激发,而化学反应区的反应时间约为 $10^{-1}\mu s$[76]。因此,铝粉难以参与反应区的化学反应。假设瞬间达到热动力学平衡,使用 C-J 热动力学爆轰理论的计算机程序和状态方程可以预估爆轰压力。在气态爆轰产物的膨胀过程中,假设炸药中的铝颗粒在反应区后燃烧[76],因此,在这种情形下铝颗粒不参与反应区的反应,而是充当惰性成分[12,31]。

Zhang 和 Chang 通过调整参数式(1.13)的 BKW-EOS 中的参数 κ,得到含铝炸药预估值与试验值的最佳一致性。他们认为 κ 的值取决于 C-J 反应中的固态产物,当固态产物的量增加时 κ 应当做相应调整。在 BKW-EOS 中 RDX 类和 TNT 类炸药所对应调整的 κ 值分别为 9.2725 和 10.4017。利用这种改进,计算含铝炸药的爆轰压力和爆轰速度值与试验值的相对误差分别为 9% 和 7%。

除了复杂的热化学计算程序,还有几种经验方法可用于含铝炸药爆轰压力的预估,这些方法将在以下章节中讨论。

4.4.1 使用元素组成来预估炸药的爆轰压力

对于通式为 $C_a H_b N_c O_d Al_e$ 的含铝炸药,根据元素组成和装药密度足以预估炸药的爆轰压力[77]:

$$P_{det} = -35.53a + 41.42b - 14.77c + 44.00d - 21.32e + 43.95\rho_0^2 \quad (4.11)$$

式(4.11)仅限用于含铝炸药,不能用于 $C_a H_b N_c O_d$ 类的单质和混合炸药。例如,装药密度为 $1.801g/cm^3$ 的组成为 44/32/20/4 RDX/TNT/Al/石蜡的 Alex 20($C_{1.783} H_{2.469} N_{1.613} O_{2.039} Al_{0.7335}$)的爆轰压力为

66

$$P_{det} = -35.53 \times 1.783 + 41.42 \times 2.469 - 14.77 \times 1.613 + 44.00 \times 2.039 - 21.32 \times$$

$$0.7355 + 43.95 \times 1.801^2 = 231.8(kbar)$$

Alex 20 的爆轰压力的试验测试值为 230kbar[12]。

4.4.2　$C_a H_b N_c O_d F_e Cl_f$ 和含铝炸药爆轰压力与装药密度、元素组成、单质或混合炸药凝聚相生成热的关系

对于通式为 $C_a H_b N_c O_d F_e Cl_f$ 的含铝炸药,可以修正式(1.11)中给出的分解路径来计算其爆轰压力[78]:

$$C_a H_b N_c O_d F_e Cl_f Al_g \longrightarrow eHF + fHCl(g) + \frac{c}{2}N_2(g) +$$

$$(d - 0.15g)CO(g) + (a - d + 0.15g)C(s) + \left(\frac{b-e-f}{2}\right)H_2(g) +$$

$$0.05g\ Al_2O_3(s) + 0.9g\ Al(s)$$

$$(d \leqslant a) \tag{4.12a}$$

$$aCO(g) + (d - a - 0.25g)H_2O + \left(\frac{b-e-f}{2} - d + a + 0.25g\right)H_2(g) +$$

$$0.125g Al_2O_3(s) + 0.75g Al(s)$$

$$\left(d > a, \frac{b}{2} > d - a, d - a \geqslant 0.25g\right) \tag{4.12b}$$

$$(d - 0.375g)CO(g) + \left(\frac{b-e-f}{2}\right)H_2(g) + (a - d + 0.375d)C(s) +$$

$$0.125g Al_2O_3(s) + 0.75g Al(s)$$

$$\left(d > a, \frac{b}{2} > d - a, d - a < 0.25g\right) \tag{4.12c}$$

$$\left(\frac{b-e-f}{2}-0.25g\right)H_2O(g)+0.25gH_2(g)+$$

$$\left(2a-d+\frac{b-e-f}{2}\right)CO(g)\left(d-a-\frac{b-e-f}{2}\right)CO_2(g)+$$

$$0.125gAl_2O_3(s)+0.75gAl(s)$$

$$\left(d\geqslant a+\frac{b-e-f}{2},d\leqslant 2a+\frac{b-e-f}{2},\frac{b-e-f}{2}\geqslant 0.25g\right) \qquad (4.12d)$$

$$\left(\frac{b-e-f}{2}\right)H_2(g)+(2a-d+b-e-f)CO(g)+$$

$$\left(d-a-\frac{b-e-f}{2}-0.1875\right)CO_2(g)+$$

$$0.125gAl_2O_3(s)+0.5gAl(s)$$

$$\left(d\geqslant a+\frac{b-e-f}{2},d\leqslant 2a+\frac{b-e-f}{2},\frac{b-e-f}{2}< 0.25g\right) \qquad (4.12e)$$

$$\left(\frac{b-e-f}{2}\right)H_2O(g)+aCO_2(g)+\left(\frac{2d-b+e+f}{4}-a-0.375\right)O_2(g)+$$

$$0.25gAl_2O_3(s)+0.5gAl(s)$$

$$\left(d\geqslant 2a+\frac{b-e-f}{2},\frac{2d-b+e+f}{4}-a\geqslant 0.375g\right) \qquad (4.12f)$$

基于上述分解路径，预估理想炸药和非理想炸药的爆轰压力[78]：

$$P_{det}=252.8n'_{gas}(\overline{M}_{w\,gas}Q_{det}[H_2O(g)])^{0.5}\rho_0^2-14.84 \qquad (4.13)$$

式（4.13）是关于式（4.7）的改进，并且不仅可用于理想的 $C_aH_bN_cO_dF_eCl_f$ 炸药，而且可用于非理想的含铝炸药。例如，如附录中所示，通式为 $C_{1.215}H_{2.43}N_{2.43}O_{2.43}Al_{0.371}$ 的 RDX/Al（90/10）的标准摩尔生成热 $\Delta_fH^\theta(c)=24.89kJ/mol$，其 n'_{gas}、$\overline{M}_{wgas}$ 和 $Q_{det}[H_2O(g)]$ 值分别为 0.0365g/mol、24.06g/mol 和 4.97kJ/g。将这些值代入到式（4.13）中可以得到装药密度为 1.68g/cm³ 的 RDX/Al（90/10）的爆轰压力：

$$P_{det}=252.8\times0.0365\times(24.06\times4.97)^{0.5}\times1.68^2-14.84=270(kbar)$$

该值可以与 RDX/Al(90/10)的爆轰压力测试值 246kbar[31] 进行对比。

4.4.3　利用分子结构预估理想和含铝炸药的爆轰压力

理想的 $C_aH_bN_cO_d$ 炸药和含铝炸药的爆轰压力可用下式进行预估[79]：

$$P_{det} = -23.35 + 105.9\rho_0^2 - 12.39a - 1.83b + 6.50c + 5.40d - 24.71n_{NR_1R_2} - 63.08n'_{Al}$$

$$(4.14)$$

式中：$n_{NR_1R_2}$ 为炸药分子中—NH_2、NH_4^+ 和所有含有 3 个或 4 个氮的五元环以及硝胺笼中的五元(或六元)环的个数；n'_{Al} 为一定条件下铝原子的摩尔数，并且是含铝炸药中铝的摩尔数的函数，其值可以根据下式确定，即

（1）当 $d \le a$ 时，$n'_{Al} = 1.5n_{Al}$；

（2）当 $d > a+b/2$，$d \le 2a+b/2$ 时，$n'_{Al} = 1.4n_{Al}$；

（3）当 $d > a$，$b/2 \ge d-a$ 时，$n'_{Al} = 1.25n_{Al}$；

（4）$d > 2a+b/2$ 时，$n'_{Al} = n_{Al}$。

如果铝与炸药的质量比 $\dfrac{m_{Al}}{m_{CHNO}} \ge 2/3$，$n_{Al}$ 应在上述基础上乘以 0.6。

为了将式(4.11)用于含铝炸药，使用 100g 通式为 $C_aH_bN_cO_dAl_e$ 的炸药以计算爆轰压力和炸药中额外铝的摩尔数，如 RDX/Al（50/50）的通式为 $C_{0.675}H_{1.35}N_{1.35}O_{1.35}Al_{1.853}$。然而，100g RDX 和 Al 的混合炸药的通式应改写为 $C_{1.35}H_{2.70}N_{2.70}O_{2.70}Al_{3.706}$，即

$$C: 0.675 \times \frac{100}{50} = 1.35$$

$$H: 1.35 \times \frac{100}{50} = 2.70$$

$$N: 1.35 \times \frac{100}{50} = 2.70$$

$$O: 1.35 \times \frac{100}{50} = 2.70$$

$$Al: 1.853 \times \frac{100}{50} = 3.706$$

由于 RDX/Al (50/50) 满足上述条件 (3) 和 $\dfrac{m_{Al}}{m_{CHNO}} \geqslant 2/3$，因此在装药密度为 $1.89g/cm^3$ 时的爆轰压力为

$$P_{det} = -23.35 + 105.9 \times 1.89^2 - 12.39 \times 1.35 -$$
$$1.83 \times 2.70 + 6.50 \times 2.70 + 5.40 \times 2.70 -$$
$$24.71 \times 0 - 63.08 \times 3.706 \times 1.25 \times 0.6$$
$$= 190(kbar)$$

计算的结果与实测值 $190kbar^{[31]}$ 相同。

4.4.4 $C_aH_bN_cO_dF_e$ 炸药和含铝炸药的最大爆轰压力

下式可用于 $C_aH_bN_cO_dF_e$ 炸药和含铝炸药最大爆轰压力的预估[80]:

$$P_{det,max} = 216 - 13.9a - 3.30b + 18.1c + 5.88d + 101P'_{in} - 68.0P'_{de} \quad (4.15)$$

式中: P'_{in}、P'_{de} 为修正参数,它们的确定规则如后面章节所述。

1. $C_aH_bN_cO_dF_e$ 单质炸药

(1) P'_{in}:不含叠氮基的 CNO 类炸药,$P'_{in} = 1.1$;

(2) P'_{de}:两种不同类别的化合物可能需要这种修正参数。

当 $a = 1$ 时,$P'_{de} = 1.1n_{NO_2}$(其中 n_{NO_2} 为硝基的数量),在非芳香(或两个芳环)化合物、醚、草酰胺和非芳香族氟化硝胺中存在 —N≡N— 时,$P'_{de} = 0.7$。

修正参数 P'_{in} 和 P'_{de} 也可以同时存在,例如在 TNM 中 P'_{in}、P'_{de} 分别为 1.1 和 4.4。

2. $C_aH_bN_cO_dF_e$ 和含铝炸药的混合物

所有的计算都基于 100g 的混合物。

1）$C_aH_bN_cO_dF_e$ 炸药

（1）对于 TNT 和硝胺的混合物，P'_{in} 和 P'_{de} 的值分别是硝胺和 TNT 的质量分数；

（2）对于塑料黏结炸药，$P'_{in} = 0.7$；

（3）对于其中一个炸药组分含有碳原子的液体混合炸药，如 NM，$P'_{de} = 1.2$。

2）含铝炸药

如果铝的质量分数大于等于 30，则 $P'_{de} = 0.5$。

例如，对于通式为 $C_{2.79}H_{2.31}N_{0.99}O_{1.98}Al_{0.69}$ 的 74.766/18.691/4.672/1.869 TNT/Al/石蜡/石墨的混合物，其最大爆轰压力为

$$P_{det,max} = 216 - 13.9 \times 2.79 - 3.30 \times 2.31 + 18.1 \times 0.99 + 5.88 \times 1.98 +$$
$$101 \times 0 - 68.0 \times 0$$
$$= 199(kbar)$$

该混合炸药在装药密度为 1.68g/cm³ 时的实测爆轰压力为 175kbar[12]。

小 结

与预估爆轰速度的可用方法不同，预估爆轰压力的方法更少。以下是两个可能的原因：

（1）爆轰压力的试验测试结果少；

（2）由于在反应区存在不平衡效应使得报道的爆轰压力结果不确定性较大。

本章介绍了预估理想炸药和非理想炸药爆轰压力的最佳方法,这些方法有助于进行新型单质炸药和混合炸药的设计,而不需要借助复杂的计算机程序。

习　题

1. 用式(4.7)计算 RDX/TFNA (65/35)的 n'_{gas}、$\overline{M}_{w\,gas}$ 和 $Q_{det}[H_2O(g)]$;如果装药密度为 1.754g/cm³ 的 RDX/TFNA (65/35)实测爆轰压力为 324kbar,根据式(4.7)计算爆轰压力和相对偏差。

2. 如果 Cyclotol-78/22 的气相生成热为 12.88kJ/mol,用式(4.8)计算其在装药密度为 1.76g/cm³ 时的爆轰压力。

3. 用式(4.9)计算装药密度为 1.76g/cm³ 的 BTF 的爆轰压力。

4. 用式(4.10)计算四硝基甲烷(TNM)的最大爆轰压力。

5. 用式(4.11)装药密度为 1.80g/cm³ 的 TNT/Al (78.3/21.7)的爆轰压力。

6. 用式(4.13)装药密度为 1.89g/cm³ 的 RDX/Al (50/50)的爆轰压力。

7. 用式(4.14)计算以下分子结构的炸药的最大爆轰压力。

第5章 格 尼 能

格尼(Gurney)[81]发展了一种简单的模型来预估炸药起爆后周围的金属层(或其他物质)的驱动速度。比能或格尼能 E_G 比爆轰性能更适用于描述炸药的弹道特性,因为它可以计算高能炸药驱动的金属破片的速度和脉冲[64]。因此,给定的炸药在爆轰时释放一定量的 E_G,然后转化为动能并转移到金属碎片和气体产物上。E_G 的值则决定了炸药产生的机械功的量,而该机械功是周围金属加速所必需的。

起始于 C-J 点的爆轰产物膨胀过程的内能,与测量炸药爆炸后输出能量的方法有关。金属加速过程持续的时间有限。由炸药产生、用于加速金属碎片的实际能量小于爆轰量热法测定的炸药能量,这是因为进一步膨胀时气体产物中剩余的内能对金属加速没有贡献。格尼模型只能确定最终的金属速度,不能给出加速过程的信息。管壁应变到破裂点后,由于气体在不同几何结构的碎片之间泄漏,管壁的加速度很快停止,这是由于气体产物在不同几何结构的碎片之间泄漏所致。因此,E_G 只是初始爆炸混合物中储存的化学能的一小部分,因为爆炸产物在膨胀到环境压力时仍然很热。因而,测得的 E_G 的值明显小于未反应炸药的化学能,E_G 是炸药化学能和密度的函数[64]。当 $\frac{m}{c} < \frac{1}{3}$ 时,格尼模型会低估金属破片的速度(其中 m 和 c 分别为单位长度的金属和炸药的质量)[64]。在这种情况下,炸药的效率会提高,而与爆轰波阵面相关的冲击过程决定了加速行为。因此,气体动力学模型或波

传播计算应在较低的 m/c 值下使用。

5.1　格尼能和格尼速度

通过计算等熵膨胀产物的内能 U_s 与未反应炸药的内能 U_0 之间的差值，可以用格尼模型确定出膨胀产物转化为推动金属碎片动能的化学能的量。假定这种能量差值是用于加速金属的能量，并忽略了产物气体流动中的波动动力学。格尼模型中，假设所有碎片都以相同的初始速度释放，气体爆炸产物的速度从炸药的质心由零逐步增至最大，气体爆炸产物的最终速度也是破裂时套管碎片的速度。格尼速度或格尼常数（ $\sqrt{2E_G}$ ）与 E_G 值有关，E_G 值提供了一个更相关的绝对指标，能够表明炸药在各种载荷条件和几何条件下使金属破片加速的能力。因此，格尼模型可以对炸药爆炸施加于金属破片的速度或脉冲进行定量估计，而不是简单的炸药的等级排序。该模型中，产物气体的速度分布在材料坐标系中也是线性的。结果表明，终端金属速度 $D_{金属}$ 是基于能量平衡时 $\dfrac{m}{c}$ 比值的函数[62,64]。对于简单的非对称构型，同样需要动量平衡，并且必须同时求解动量平衡[62,64]。而对于一些装有炸药的简单几何形状，金属速度可表示为[62]

对于圆筒，有

$$\frac{D_{金属}}{\sqrt{2E_G}} = \left(\frac{m}{c} + \frac{1}{2}\right)^{-\frac{1}{2}} \tag{5.1}$$

对于球形，有

$$\frac{D_{金属}}{\sqrt{2E_G}} = \left(\frac{m}{c} + \frac{3}{5}\right)^{-\frac{1}{2}} \tag{5.2}$$

对于对称夹层,有

$$\frac{D_{金属}}{\sqrt{2E_G}} = \left(\frac{m}{c} + \frac{1}{3}\right)^{-\frac{1}{2}} \tag{5.3}$$

因此,已知炸药的几何形状、m/c 比值和 $D_{金属}$ 的测量值就可计算得到 $\sqrt{2E_G}$ 值。文献[62]中还详细介绍了不同装药几何条件下金属破片投射物的格尼速度的应用,以及空气对金属破片速度的影响。

5.2　格尼能和圆筒膨胀试验

圆筒试验是衡量炸药效率的一种合适的试验方法。用条纹相机或激光方法可以观察到装有高爆炸药的金属圆筒(通常是铜)在爆炸时的径向膨胀。通过观察圆筒内爆轰产物的膨胀,可以为战斗部提供最完整的信息。猛度可以定义为炸药的爆炸潜能与爆炸持续时间的比值。为了估计爆炸对周围介质的影响,更适合用 E_G 而不是猛度。在圆筒试验中若在管内进行爆轰,E_G 则由爆轰产物膨胀的动能和位移壁的动能组成。根据文献[43],将爆轰产物动能损失和热损失纳入爆轰速度的计算中,$D_{金属}$ 可以根据下式计算:

$$D_{金属} = \frac{D_{det}}{2}\left(\frac{2m}{c} + 1\right)^{-\frac{1}{2}} \tag{5.4}$$

圆筒试验不仅可以提供 E_G 值,而且如果对爆轰产物和壁材位移进行更详细的考虑,也可以计算爆轰压力和爆轰热。

5.2.1　圆筒试验测量

圆筒试验提供了恒定容积下高爆炸药的流体动力学性能的测量。试验中,炸药填充于直径25.4mm、长0.31m、壁厚2.6mm的铜管中。将炸药于一端起爆,用条纹相机在距起爆端约0.2m处测量筒壁的径向运动。以固定的几何形式将动能转移到铜壁上,是一种展现炸药性能的简单方法。正常爆炸或直接爆炸到金属上以及与金属相切或侧向爆炸是将爆炸能量转移到相邻金属的两种极端几何排布方式[9]。由于爆轰产物状态方程的影响,上述两种情况中的有效爆炸能往往是不同的。对于正面和切向爆炸,圆筒试验提供了相对有效爆炸能量的测量方法。5~6mm 和 19mm 处的径向壁速度分别表示正面和切向爆炸情形中的爆炸能量。破碎时的端壁速度高出7%~10%,而其中约50%的爆炸能量被转移到圆筒壁上。

5.2.2　圆筒试验的预估方法

一些热化学计算机程序(如 CHEETAH)可用于评估圆筒试验[82]。此外,也建立了几种关系式来预估圆筒试验的输出数据,以下将对此进行说明。

1. 基于 K-J 分解产物的方法

Short 等[83]利用方程式(1.5)和式(1.10)通过对试验数据的最小二乘法拟合,推导出了装填 $C_aH_bN_cO_d$ 型炸药的圆筒试验的壁速,计算公式如下:

$$V_{筒壁} = 1.316\rho_0^{0.84} \left[n'_{gas} (\overline{M}_{w\,gas})^{0.5} (Q_{det}[H_2O(g)])^{0.5} \right]^{0.54} (R-R_0)^{0.212-0.065\rho_0} (km/s)$$

$$(5.5)$$

式中:$R-R_0$ 为径向膨胀量(mm);ρ_0 为初始(装药)密度(g/cm³)。

若使用 3.4.1 节中 $\rho_0 = 1.894$g/cm³ 的 HMX 的计算数据,即 $n'_{gas} = 0.03378$mol,$\overline{M}_{w\,gas} = 27.21$g/mol,$Q_{det}[H_2O(g)] = 6.18$kJ/g,那么 $R-R_0 = 6.0$mm 和 $R-R_0 = 19.0$mm 时,HMX 的 $V_{筒壁}$ 的值可估算如下:

当 $R-R_0 = 6.0$mm 时,有

$$V_{筒壁} = 1.316 \times 1.894^{0.84} \times (0.03378 \times 27.21^{0.5} \times 6.18^{0.5})^{0.54} \times 6.0^{0.212-0.065 \times 1.894}$$
$$= 1.690(km/s)$$

当 $R-R_0 = 19.0mm$ 时,有

$$V_{筒壁} = 1.316 \times 1.894^{0.84} \times (0.03378 \times 27.21^{0.5} \times 6.18^{0.5})^{0.54} \times 19.0^{0.212-0.065 \times 1.894}$$
$$= 1.872(km/s)$$

对于 HMX,其在膨胀距离为 6mm 和 19mm 处的实测比动能分别为 1.410MJ/kg、1.745MJ/kg,并分别具有正面爆轰和切向爆轰的特性。测量的 $V_{筒壁}$ 值如下:

$$V_{筒壁}(R-R_0 = 6.0mm) = (1.410 \times 2)^{0.5} = 1.679(km/s)$$
$$V_{筒壁}(R-R_0 = 19mm) = (1.745 \times 2)^{0.5} = 1.868(km/s)$$

因此,计算出的 $V_{筒壁}$ 值接近于实测值。在如下所述条件下,Short 等[83]将公式适用的爆轰产物扩展到适用于 $C_aH_bN_cO_dF_e$ 型炸药:

(1) HF 的生成:可用氢首先与氟反应生成 HF。

(2) CF_4 的生成:剩余的氟,如果有,与碳反应生成 CF_4。

(3) H_2O 的生成:任何剩余的氢(在(1)之后),与氧反应生成 H_2O。

(4) CO_2 的生成:任何剩余的氧与碳反应生成 CO_2。

对于几种含氟炸药,试验结果表明,在方程式(1.10)中假设含氟产物为 HF 而非 CF_4 时预估效果相对较好。

2. 筒壁速度预估的改进方法

方程式(1.11)的分解途径可用于预估 $C_aH_bN_cO_dF_eCl_f$ 型炸药的筒壁速度[84]:

$$V_{筒壁} = 1.262\rho_0^{0.84}[n'_{gas}(\overline{M}_{w\,gas})^{0.5}(Q_{det}[H_2O(g)])^{0.5}]^{0.54}(R-R_0)^{0.212-0.065\rho_0}$$
$$(5.6)$$

若使用 3.4.1 节中 $\rho_0 = 1.894g/cm^3$ 的 HMX 的计算数据,即 $n'_{gas} =$

0.04052mol，$\overline{M}_{\text{w,as}} = 24.68\text{g/mol}$，$Q_{\text{det}}[H_2O(g)] = 5.02\text{kJ/g}$，那么 $R-R_0 = 6.0\text{mm}$ 和 $R-R_0 = 19.0\text{mm}$ 时，HMX 的 $V_{\text{筒壁}}$ 的值可估算如下：

当 $R-R_0 = 6.0\text{mm}$ 时，有

$$V_{\text{筒壁}} = 1.262 \times 1.894^{0.84} \times (0.04052 \times 24.68^{0.5} \times 5.02^{0.5})^{0.54} \times 6.0^{0.212-0.065 \times 1.894}$$

$$= 1.646(\text{km/s})$$

当 $R-R_0 = 19.0\text{mm}$ 时，有

$$V_{\text{筒壁}} = 1.262 \times 1.894^{0.84} \times (0.04052 \times 24.68^{0.5} \times 5.02^{0.5})^{0.54} \times 19.0^{0.212-0.065 \times 1.894}$$

$$= 1.824(\text{km/s})$$

计算值与前一节给出的试验值接近。

5.2.3 JWL 状态方程

对于金属加速，Jones-Wilkins-Lee(JWL-EOS)状态方程可用于准确描述炸药爆轰产物的压力–体积–能量行为。但是，获得的数值仅在装药量较大时有效[9]：

$$P = A_{\text{JWL}}\left(1 - \frac{\omega}{R_1 V_{\text{det}}/V_0}\right)^{-R_1 V_{\text{det}}/V_0} + B_{\text{JWL}}\left(1 - \frac{\omega}{R_2 V_{\text{det}}/V_0}\right)^{-R_2 V_{\text{det}}/V_0} + \frac{\omega E}{(V_{\text{det}}/V_0)} \quad (5.7)$$

式中：A_{JWL}、B_{JWL} 为线性系数(GPa)；R_1、R_2 和 ω 为非线性系数；V_{det}、V_0 分别为爆轰产物和炸药爆轰前的体积；P 为压力(GPa)；E 为单位体积的爆轰能量$((\text{GPa} \cdot \text{m}^3)/\text{m}^3)$。

方程式(5.7)在等熵时变为下列方程[85]：

$$P_S = A_{\text{JWL}}\text{e}^{-(R_1 V/V_0)} + B_{\text{JWL}}\text{e}^{-(R_2 V/V_0)} + C_{\text{JWL}}(V/V_0)^{-\omega-1} \quad (5.8)$$

式中：C_{JWL} 为线性系数(GPa)；ω 为系数或第二绝热系数，定义为[43,86]

$$\omega = -\left[\frac{\partial \ln T}{\partial \ln(V/V_0)}\right]_S \quad (5.9)$$

通过将压力–体积数据拟合到方程式(5.6)中，可以确定参数 A、B、C、

R_1、R_2 和 ω。通过将计算得出的结果与试验 C-J 条件、量热数据和膨胀行为得出的结果(通常是圆柱体试验数据)进行匹配,经过严格的比较分析,就可以确定一些炸药的上述参数[9]。

5.3 预估格尼速度的不同方法

使用的计算机程序和适当的状态方程可以预估格尼速度。Hardesty 和 Kennedy[64]已经证明,用 TIGER 计算机编码和如下所示的 Jacobs-Cowperthwaite-Zwisler-3(JCZ3-EOS)状态方程[87]可以很好地估算格尼速度:

$$\sqrt{2E_G} = \left[\sqrt{2(U_0 - U_s)}\right]_{V/V_0 = 3} \qquad (5.10)$$

JCZ3-EOS 状态方程一般适用于任意炸药配方反应产物混合物在常压和 C-J 状态下的热力学状态特性,以及膨胀过程中内能的可靠估算[64]。式(5.10)表明,爆轰产物与被驱动金属之间的能量传递,在多数情况下是受到金属破裂而非侧面损失的限制[64]。下面将对几种可用于预估格尼速度的经验方法进行讨论。

5.3.1 使用 K-J 分解产物

Hardesty 和 Kennedy (H-K)[64],以及 Kamlet 和 Finger (K-F)[88]将格尼速度与 K-J 分解产物(方程式(1.10)中给出)[5]关联起来,进而预估格尼速度:

$$\left(\sqrt{2E_G}\right)_{\text{H-K}} = 0.6 + 2.55 \left(n'_{\text{gas}}\rho_0\right)^{0.5} \left(\overline{M}_{\text{w gas}} Q_{\text{det}}[H_2O(g)]\right)^{0.25} \qquad (5.11)$$

$$\left(\sqrt{2E_G}\right)_{\text{K-F}} = 3.49 \left(n'_{\text{gas}}\right)^{0.5} \left(\overline{M}_{\text{w gas}} Q_{\text{det}}[H_2O(g)]\right)^{0.25} \rho_0^{0.4} \qquad (5.12)$$

式中:$\left(\sqrt{2E_G}\right)_{\text{H-K}}$、$\left(\sqrt{2E_G}\right)_{\text{K-F}}$ 分别为基于 H-K 法[64]和 K-F 法[88]的格尼速度。

若使用 3.4.1 节中 $\rho_0 = 1.894 \text{g/cm}^3$ 的 HMX 的计算数据,即 $n'_{gas} =$ 0.03378mol, $\overline{M}_{w\,gas} = 27.21 \text{g/mol}$, $Q_{det}[H_2O(g)] = 6.18 \text{kJ/g}$,那么 $(\sqrt{2E_G})_{H-K}$ 和 $(\sqrt{2E_G})_{K-F}$ 的值分别为

$$(\sqrt{2E_G})_{H-K} = 0.6 + 2.55 \times (0.03378 \times 1.89)^{0.5} \times (27.21 \times 6.18)^{0.25}$$

$$= 2.92(\text{km/s})$$

$$(\sqrt{2E_G})_{K-F} = 3.49 \times 0.03378^{0.5} \times (27.21 \times 6.18)^{0.25} \times 1.89^{0.4}$$

$$= 2.98(\text{km/s})$$

HMX 的实测格尼速度为 2.97km/s[9],更接近于计算所得的 $(\sqrt{2E_G})_{H-K}$ 值。

5.3.2 使用元素组成和生成热

对于元素组成为 $C_aH_bN_cO_d$ 的炸药,可使用其凝聚态或气态下的炸药生成热进行格尼速度的可靠估计[89]:

$$\sqrt{2E_G} = 0.227 + \frac{7.543a + 2.676b + 31.97c + 35.91d - 0.0468\Delta_f H^\theta(c)}{M_w} \rho_0^{0.5}$$

$$(5.13)$$

$$\sqrt{2E_G} = 0.220 + \frac{6.620a + 4.427b + 29.03c + 37.61d - 0.0122\Delta_f H^\theta(g)}{M_w} \rho_0^{0.5}$$

$$(5.14)$$

如上述相关式所示,与具有正值的元素系数相比,$\Delta_f H^\theta(c)$ 和 $\Delta_f H^\theta(g)$ 的系数较小。因此,在影响格尼速度方面,未反应炸药中四种元素的作用远比分子结构中的成键细节更为重要。式(5.13)和式(5.14)的可靠性均高于 $(\sqrt{2E_G})_{H-K}$ 和 $(\sqrt{2E_G})_{K-F}$ 的可靠性[89]。对于 TNT,测得的 $\Delta_f H^\theta(c)$ 值以及用 B3LYP/6-31G* 法计算得到的 $\Delta_f H^\theta(g)$ 值分别为 −67.01kJ/mol(见附录)和

16. 64kJ/mol[73]。将这些数据应用于式(5.13)和式(5.14)中,在装药密度为 1. 63g/cm³时,可得

$$\sqrt{2E_G} = 0.227 + \frac{7.543 \times 7 + 2.676 \times 5 + 31.97 \times 3 + 35.91 \times 6 - 0.0468 \times (-67.01)}{227.13} \times 1.63^{0.5}$$

$$= 2.37 \text{(km/s)}$$

$$\sqrt{2E_G} = 0.220 + \frac{6.620 \times 7 + 4.427 \times 5 + 29.03 \times 3 + 37.61 \times 6 - 0.0122 \times 16.64}{227.13} \times 1.63^{0.5}$$

$$= 2.36 \text{(km/s)}$$

对于 TNT, $(\sqrt{2E_G})_{H-K}$ 和 $(\sqrt{2E_G})_{K-F}$ 的预估值分别为 2.43km/s、2.38km/s。由于 TNT 的实测格尼速度值为 2.37km/s[9],因此由式(5.13)和式(5.14)得到的计算值以及 $(\sqrt{2E_G})_{K-F}$ 值更接近于实测值。

5.3.3　使用元素成分而不使用炸药的生成热

在不考虑炸药生成热的情况下,以下方程适用于计算 $C_aH_bN_cO_d$ 型炸药的格尼速度[90]:

$$\sqrt{2E_G} = 0.404 + 1.020\rho_0 - 0.021c + 0.184b/d + 0.030d/a \quad (5.15)$$

如附录中所示,组成为 95.5/4.5 HMX/Estane 5702-F1 的 LX-14 的分子式为 $C_{1.52}H_{2.92}N_{2.59}O_{2.66}$,其 $\Delta_f H^\theta(c)$ 为 6.28kJ/mol。当 LX-14 的装药密度为 1. 68g/cm³时,应用式(5.15)可得到其格尼速度:

$$\sqrt{2E_G} = 0.404 + 1.020 \times 1.68 - 0.021 \times 2.59 + 0.184 \times 2.92/2.66 + 0.030 \times 2.66/1.52$$

$$= 2.80 \text{(km/s)}$$

LX-14 的格尼速度的实测值也为 2.80km/s[9],与上述计算值一样。而应用式(5.11)、式(5.12)和式(5.13)得到的计算值分别为 2.74km/s、2.79km/s 和 2.79km/s,这表明 $(\sqrt{2E_G})_{H-K}$ 与其他公式相比具有更低的可靠性。$(\sqrt{2E_G})_{H-K}$ 是计算炸药的格尼速度最简单的方法,但对于 $b=0$ 的炸药,

可能会产生很大的偏差。

小　　结

根据格尼模型和相关的格尼速度得出的比能量,比爆轰性更能展现炸药的弹道特性,因为可以用它们来计算被驱动材料的速度和脉冲。本章综述了几种计算圆筒壁速度以及不同几何形状的装药爆轰驱动金属速度的经验方法,这些方法对炸药使用者具有更加实际的指导意义。本章中引入的关系式可应用于单质炸药和固体混合炸药。

习　　题

1. 用式(5.6)计算装药密度为 $1.836g/cm^3$ 、固相生成热为 $7.61kJ/mol$ 、$R-R_0$ 分别为 $6.0mm$ 和 $19.0mm$ 时的 LX-09-0(组分为 HMX (93%)、DNPA-F (4.6%)、FEFO (2.4%),分子式为 $C_{1.43}H_{2.74}N_{2.59}O_{2.72}F_{0.02}$)的筒壁速度。

2. 计算 COMP A-3 在装药密度为 $1.59g/cm^3$ 时的格尼速度:

(1) 应用式(5.11)、式(5.12)和式(5.13)进行计算;

(2) 假设 COMP A-3 的气相生成热为 $142.3kJ/mol$,应用式(5.14)进行计算。

3. 应用式(5.15)计算装药密度为 $1.02g/cm^3$ 时 MEN-Ⅱ 的格尼速度。

第6章 威 力

炸药在爆炸过程中释放能量,借此可进行机械做功。炸药的能量定义为总功,即热气体产物可进行的最大做功量或爆炸潜能。在这种情形下,爆轰产物的内能完全转化为机械能。因此,炸药的潜在性能可以用单位质量释放气体的体积、过程中产生的能量(热量)和炸药的传播速率(速度)三个参数来描述。

炸药的性能取决于爆轰速度、爆轰压力和威力[1]。一般来说,高气体产量和高爆轰热是获得高爆轰性能所必需的两个重要因素[1]。如果爆炸是在空气中发生,那么机械功几乎等于爆轰热。对于在孔洞中爆炸的炸药,其威力或强度(也称为爆轰产物的爆破能力或能量),参数是衡量炸药进行有效做功能力的指标[43]。例如,在岩石爆破中,爆轰产物的一部分能量用于加热岩石,另一部分作为热能留在产物中。在这种情况下,机械功总是低于爆轰热,占其值的70%~80%[1]。因此,根据炸药的威力对其性能的评估与其说依赖于高爆轰速度,不如说依赖于高气体产量和大量能量的释放。如第5章所述,由于最重要的参数是炸药的爆轰速度和装药密度(密实度),因此在爆炸附近产生强烈的崩解效应需要一定的猛度。为了确定不同炸药的相对威力和猛度,本章将介绍一些常规试验方法和计算方法。

6.1 测量炸药威力和猛度的不同方法

虽然爆炸威力和猛度可以直接通过现场测量确定,但实际情况中更倾向于采用试验室试验来确定。目前,已有几种试验方法可以用来测定炸药的威力和猛度。在这些方法中,做功能力不是用工作单元来表示的,而是用所需参数的变化来表示,例如铅墙内爆炸后体积的增加。确定威力的常用方法包括 Trauzl 铅墙试验、弹道臼炮试验和水下爆炸试验。

评估炸药猛度的常用方法有砂击试验和钢板凹痕试验[1,43]。

在预估威力的不同试验中,Trauzl 铅墙试验和弹道臼炮试验是已知的两种最常用的评估炸药释放能量的方法。Trauzl 铅墙试验是传统的实验室试验之一,测量铅或铝墙内爆炸引起的膨胀。随着爆炸能量释放量的增加,预计会有更大的膨胀量。Trauzl 铅墙试验设备为一个高度为 200mm、直径为 200mm 的标准铸造圆柱形铅墙。该圆柱形铅墙有一个直径为 25mm、深度为 125mm 的轴向凹槽,由石英砂制成,在该凹槽中装有 10g 炸药和一个雷管。射击后,记录凹槽空腔的体积增加(图 6.1)。

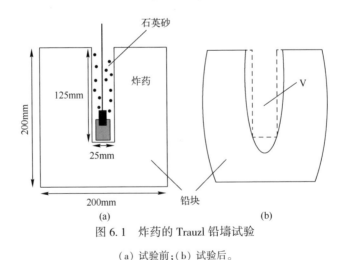

图 6.1 炸药的 Trauzl 铅墙试验

(a) 试验前;(b) 试验后。

弹道臼炮试验提供了炸药威力的相对测量方法,通常用 TNT 或爆破明胶作为标准炸药进行比较。在该试验中,把一个沉重的钢制弹丸附着在摆锤上,将大约 10g 的炸药置于臼炮的爆炸室中引爆,利用爆炸物的膨胀做功将弹丸从臼炮中射出,同时使臼炮向反方向摆出一个角度,记录臼炮的最大摆动角,以确定所测炸药的威力(图 6.2)。

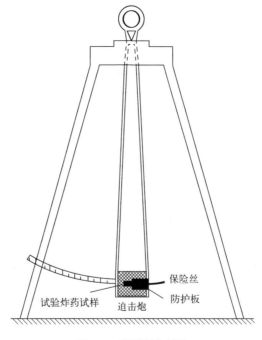

图 6.2　弹道臼炮试验

对于商业爆破和许多其他注重威力的应用场景来说,装药密度接近实际应用密度。Trauzl 铅壔法是测定高爆炸药威力最广泛使用的方法,因为它能提供与实际应用相当的装药密度数据[1]。

对于炸药猛度的测量,砂试验或砂击试验是一种合适的方法[91]。它是基于确定被标准质量的炸药压碎的标准砂的数量。由于该方法简单并适用于各种单质炸药、混合炸药、含铝炸药,与其他方法相比,是一种测定含能化合物猛度的简便方法[91]。

6.2　预估威力的不同方法

通过下式将爆轰热与气体产物体积 $V_{\text{exp gas}}$ 相乘可获得炸药的爆炸威力（explosive power）[3,7]：

$$爆炸威力 = Q_{\text{expl}} V_{\text{exp gas}} \tag{6.1}$$

通过热化学计算机程序,如 EXPLO5[11],可获得 Q_{expl} 和 $V_{\text{exp gas}}$,然后用于计算威力。也可以使用 Q_{det} 的近似值和假定爆轰产物的摩尔数。在 STP（标准温度和压力）条件下,混合炸药成分在爆轰过程中释放的气体产物的体积可从假定的气体爆轰产物中计算出来,即在 1atm 和 273.15 K 的温度下 1mol 气体占据 22.4 L 的体积。

如第 1 章所示,已经开发出不同的经验方法来预估 Q_{det} 的值。爆轰气体的体积通常以单位质量的炸药生成的气体体积来表示,是爆轰反应形成的气体的体积[1]。它是通过计算气体产物的摩尔数,由 EXPLO5[11] 等计算机代码从炸药的化学成分计算出来的。Bichel 弹[1]可用于试验测定气体产物的体积。实际应用中,产物的成分和气体产物的体积是在"冻结"化学平衡点确定的,即在爆轰产物快速冷却后确定,而非 STP 条件下[1,43]。

6.2.1　含能化合物爆炸气体体积预估的简单关系式

通式为 $C_a H_b N_c O_d$ 的含能化合物的爆炸气体体积的关系式[92]如下：

$$V_{\text{exp gas}} = 878.2 - 126.0\,\frac{a}{d} + 111.7\,\frac{b}{d} - 176.7 V_{\text{corr}} \tag{6.2}$$

式中：$V_{\text{exp gas}}$ 为爆炸气体的体积（L/kg）；V_{corr} 为爆炸气体的体积的修正参数，对于满足 $a \neq 0$ 且 $d-2a-b/2 \geq 0$ 的 $C_a H_b N_c O_d$ 型炸药，$V_{\text{corr}} = 1.0$。

这种新方法的可靠性高于通过使用 BKW-EOS 和 JCZ-EOS 两个最佳状态方程的复杂计算机代码输出的结果[29,93]。对于 69 种含能材料，新关系式计算的均方根误差（RMSE）等于 55L/kg，与实测值具有较好的一致性；而用 BKW-EOS 和 JCZ3-EOS 两种方法计算的均方根误差分别为 86L/kg 和 116L/kg[92]。

例如，对于[2-硝基-3-（氮氧基）-2-[（氮氧基）甲基]丙基]-硝酸盐（NIBTN，化学式为 $C_4 H_6 N_4 O_{11}$），根据经验公式计算其 $V_{\text{exp gas}}$ 值如下：

$$V_{\text{exp gas}} = 878.2 - 126.0 \times \frac{4}{11} + 111.7 \times \frac{6}{11} - 176.7 \times 1 = 717(\text{L/kg})$$

对于 NIBTN，因为其满足条件：$a = 4$ 且 $d - 2a - \dfrac{b}{2} = 11 - 2 \times 4 - \dfrac{6}{2} = 0$，则 $V_{\text{exp gas}} = 1.0$。

上述 $V_{\text{exp gas}}$ 的计算值与文献[1]中的实测值（705L/kg）比较接近。

6.2.2　威力指数

由于 Q_{det} 和 $V_{\text{exp gas}}$ 的计算方法有很多种，因此比较特定炸药与标准炸药的威力是很重要的。为此，威力指数（power index）定义如下：

$$\text{Power Index}[H_2O(g)] = \frac{Q_{\text{det}}[H_2O(g)] \times V_{\text{exp gas}}}{(Q_{\text{det}}[H_2O(g)])_{\text{picric acid}} \times (V_{\text{exp gas}})_{\text{picric acid}}}$$

$$(6.3)$$

$$\text{Power Index}[H_2O(l)] = \frac{Q_{\text{det}}[H_2O(l)] \times V_{\text{exp gas}}}{(Q_{\text{det}}[H_2O(l)])_{\text{picric acid}} \times (V_{\text{exp gas}})_{\text{picric acid}}}$$

$$(6.4)$$

式中：$\text{Power Index}[H_2O(g)]$、$\text{Power Index}[H_2O(l)]$ 为爆轰产物中的水分别

处于气态和液态时的炸药的威力指数。使用实测值 $Q_{det}[H_2O(g)] = 3350kJ/kg$，$Q_{det}[H_2O(l)] = 3437kJ/kg$，$V_{exp\ gas} = 826L/kg$ [1]，可得

$$\text{Power Index}[H_2O(g)] = \frac{Q_{det}[H_2O(g)] \times V_{exp\ gas}}{3350\dfrac{kJ}{kg} \times 826\dfrac{L}{kg}} = \frac{Q_{det}[H_2O(g)] \times V_{exp\ gas}}{2.767 \times 10^6 \dfrac{kJ \cdot L}{(kg)^2}}$$

(6.5)

$$\text{Power Index}[H_2O(l)] = \frac{Q_{det}[H_2O(l)] \times V_{exp\ gas}}{3437\dfrac{kJ}{kg} \times 826\dfrac{L}{kg}} = \frac{Q_{det}[H_2O(l)] \times V_{exp\ gas}}{2.839 \times 10^6 \dfrac{kJ \cdot L}{(kg)^2}}$$

(6.6)

如第 1 章所示，由于 $Q_{det}[H_2O(g)]$ 和 $Q_{det}[H_2O(l)]$ 存在不同的经验方法，因此可以使用这些公式和式(6.2)来预估炸药的威力。

6.2.3 基于 Trauzl 铅壔试验和弹道臼炮试验的威力预估的简单关联式

基于 Trauzl 铅壔试验和弹道臼炮试验，有几种经验方法可用于单质炸药和混合炸药的威力预估。这些方法测定的相对威力通常与所需的含能化合物(如 TNT)进行比较。对于 Trauzl 铅壔试验，含能化合物相对于 TNT 的相对威力($\%f_{Trauzl,TNT}$)由下式得出：

$$\%f_{Trauzl,TNT} = \frac{\Delta V_{Trauzl(含能化合物)}}{\Delta V_{Trauzl(TNT)}} \times 100$$

(6.7)

式中：$\Delta V_{Trauzl(含能化合物)}$、$\Delta V_{Trauzl(TNT)}$ 分别为炸药和 TNT 的膨胀体积。

如果使用 $\Delta V_{Trauzl(TNT)}$ 的平均实测值 $295cm^{3}$ [92]，那么式(6.7)可变为

$$\%f_{Trauzl,TNT} = \frac{\Delta V_{Trauzl(含能化合物)}}{295cm^3} \times 100$$

(6.8)

如果与之相关的误差小于与 $\Delta V_{\mathrm{Trauzl}}$ 相关的误差,则可以使用值 $f_{\mathrm{Trauzl,TNT}}$ 定量地描述含能化合物的威力。因此,它可用于不同含能化合物爆轰效应的定量比较。对于弹道臼炮试验,特定含能化合物相对于 TNT 的最大摆动量也用 $\%f_{\mathrm{弹道臼炮,TNT}}$ 表示。

1. Trauzl 铅壔试验

在不同变量的基础上,发展了几种预估 $\%f_{\mathrm{Trauzl,TNT}}$ 的方法。

1) 比冲和爆轰热

比冲是衡量推进剂性能的关键指标,定义为单位质量化合物在燃烧过程中推力的积分。由于燃烧过程中气体产物的释放,含能化合物产生推力。含能化合物的分子结构可用于预估比冲[94-95]。文献[96-97]指出,爆轰压力和爆轰速度与理论比冲有关,这是一种评估各种理想炸药和非理想炸药性能的合适方法。研究发现,$\%f_{\mathrm{Trauzl,TNT}}$ 可与各种含能化合物的比冲 I_{SP} 和爆轰热按照下式进行计算[98]:

$$\%f_{\mathrm{Trauzl,TNT}} = -97.25 + 18.87 Q_{\mathrm{det}}[\mathrm{H_2O(l)}] + 25.69 I_{\mathrm{SP}} \qquad (6.9)$$

式中:$Q_{\mathrm{det}}[\mathrm{H_2O(l)}]$ 和 I_{SP} 的单位分别为 kJ/g、N·s/g。可以使用不同的计算机编码,例如海军武器中心的标准推进剂性能编码(the standard Naval Weapons Center propellant performance code)[99]、NASA 程序计算(NASA program computations)[100]和 ISPBKW[12]或经验方法[94-95]来计算含能化合物的比冲。例如,计算得到的硝酸脲($\mathrm{CH_5N_3O_4}$)的比冲为 2.178N·s/g。如表 1.2 所列,使用式(1.19)、式(1.20)和式(1.22)计算得到硝酸脲的 $Q_{\mathrm{det}}[\mathrm{H_2O(l)}]$ 值分别为 3.484kJ/g、3.69kJ/g 和 3.789kJ/g。将上述计算值代入式(6.9)可得

$$\%f_{\mathrm{Trauzl,TNT}} = -97.25 + 18.87 \times 3.484 + 59.59 \times 2.178 = 98.28$$

$$\%f_{\mathrm{Trauzl,TNT}} = -97.25 + 18.87 \times 3.69 + 59.59 \times 2.178 = 102.2$$

$$\%f_{\mathrm{Trauzl,TNT}} = -97.25 + 18.87 \times 3.789 + 59.59 \times 2.178 = 104.0$$

上述计算值接近于硝酸脲的 $\%f_{\mathrm{Trauzl,TNT}}$ 的实测值, 即 $98.31^{[1]}$。

2) 爆轰热

对于通式为 $C_aH_bN_cO_d$ 的含能化合物, $\%f_{\mathrm{Trauzl,TNT}}$ 可由下式计算得到[101]:

$$\%f_{\mathrm{Trauzl,TNT}} = -45.88a/d + 26.23Q_{\mathrm{det}}[\,H_2O(1)\,] \qquad (6.10)$$

式中: $Q_{\mathrm{det}}[\,H_2O(1)\,]$ 的单位为 kJ/g。

例如, 1.2.1 节中所示, HMX 的 $Q_{\mathrm{det}}[\,H_2O(1)\,] = 6.77\mathrm{kJ/g}$, 那么 $\%f_{\mathrm{Trauzl,TNT}}$ 的值为

$$\%f_{\mathrm{Trauzl,TNT}} = -45.88(4/8) + 26.23 \times 6.77$$
$$= 155$$

$\%f_{\mathrm{Trauzl,TNT}}$ 的计算值接近于实测值, 其中 HMX 的 $\%f_{\mathrm{Trauzl,TNT}}$ 实测值在 $145 \sim 163$ 范围内[1,102]。

3) 凝聚相和气相生成热

对于通式为 $C_aH_bN_cO_d$ 的含能化合物, 其凝聚相和气相生成热可直接用于计算 $\%f_{\mathrm{Trauzl,TNT}}$[103]:

$$\%f_{\mathrm{Trauzl,TNT}} = 471.2 + \frac{-8095a - 8993c + 38.71\Delta_fH^\theta(\mathrm{g})}{\text{炸药的分子量}} \qquad (6.11)$$

$$\%f_{\mathrm{Trauzl,TNT}} = 373.2 + \frac{-6525a - 5059c + 21.74\Delta_fH^\theta(\mathrm{c})}{\text{炸药的分子量}} \qquad (6.12)$$

如 1.3.1 节和附录所示, HNS($C_{14}H_6N_6O_{12}$) 的 $\Delta_fH^\theta(\mathrm{g})$ 值和 $\Delta_fH^\theta(\mathrm{c})$ 值分别为 150kJ/mol、78.24kJ/mol。将上述值代入式 (6.11) 和式 (6.12) 可得

$$\%f_{\mathrm{Trauzl,TNT}} = 471.2 + \frac{-8095 \times 14 - 8993 \times 6 + 38.71 \times 150}{450.23} = 112$$

$$\%f_{\mathrm{Trauzl,TNT}} = 373.2 + \frac{-6525 \times 14 - 5059 \times 6 + 21.74 \times 78.24}{450.23} = 107$$

上述计算值接近于 HNS 的实测值, 即 $\%f_{\mathrm{Trauzl,TNT}} = 102^{[1]}$。

4) 含能化合物的分子结构

对于通式为 $C_aH_bN_cO_d$ 的含能化合物, 其分子结构可用于预估 $\%f_{\mathrm{Trauzl,TNT}}$[104]:

$$\%f_{\text{Trauzl,TNT}} = 196.2 - 59.46a/d - 30.13b/d +$$

$$47.56f_{\text{Trauzl}}^{+} - 41.49f_{\text{Trauzl}}^{-} \tag{6.13}$$

式中:f_{Trauzl}^{+}、f_{Trauzl}^{-}为修正参数,用于调整根据元素组成得出的$\%f_{\text{Trauzl,TNT}}$的低估值和高估值。表 6.1 列出了不同含能化合物的f_{Trauzl}^{+}和f_{Trauzl}^{-}的值。

表 6.1　f_{Trauzl}^{+}和f_{Trauzl}^{-}值

分 子 单 元	f_{Trauzl}^{+}	f_{Trauzl}^{-}	条　件
$R{-}(ONO_2)_x(x=1,2)$	1.0	—	除了—C—NO_2 之外, 不含有其他官能团
$R{-}(ONO_2)_x(x\geqslant 3)$	0.5	—	
$R{-}(ONO_2)_x(x=1,2,\cdots)$	0.5	—	
	0.8	—	—
	—	1.0	—
苯基—$(OH)_x$或苯基—$(ONH_4)_x$	—	$0.5x$	—
苯基—$(NH_2)_x$或苯基—$(NHR)_x$	—	$0.4x$	—
苯基—$(OR)_x$	—	$0.2x$	—
苯基—$(COOH)_x$	—	$0.9x$	—

下式可用于获得可接受的含能混合物的$\%f_{\text{Trauzl,TNT}}$值:

$$\%f_{\text{Trauzl,TNT}} = \sum_{j} x_j (\%f_{\text{Trauzl,TNT}})_j \tag{6.14}$$

式中:x_j为含能混合物中第j个组分的摩尔分数。

例如,含 50% PETN($C_5H_8N_4O_{12}$)和 50% TNT 的 pentolite-50/50 的$\%f_{\text{Trauzl,TNT}}$值可根据式(6.13)和式(6.14)计算为

$$(\%f_{\text{Trauzl,TNT}})_{\text{PETN}} = 196.2 - 59.46(5/12) - 30.13(8/12) + 47.56\times0.5 - 41.49\times0$$

$$= 174$$

$$\%f_{\text{Trauzl,TNT}}=x_{\text{TNT}}\left(\%f_{\text{Trauzl,TNT}}\right)_{\text{TNT}}+x_{\text{PETN}}\left(\%f_{\text{Trauzl,TNT}}\right)_{\text{PETN}}$$

$$=\frac{\dfrac{50}{227.13}}{\dfrac{50}{227.13}+\dfrac{50}{316.14}}\times100+\frac{\dfrac{50}{316.14}}{\dfrac{50}{227.13}+\dfrac{50}{316.14}}\times174=131$$

对于 pentolite-50/50,其 $\%f_{\text{Trauzl,TNT}}$ 的实测值为 $122^{[105]}$。

2. 弹道臼炮试验

通过弹道臼炮试验,可用如下关系式预估通式为 $C_aH_bN_cO_d$ 的含能化合物的威力[106]:

$$\%f_{\text{弹道臼炮,TNT}}=113-5.16a+2.79c+3.61d-46.18f^-_{\text{弹道臼炮}} \qquad (6.15)$$

根据以下含能化合物的基本组成,可用参数 $f^-_{\text{弹道臼炮}}$ 校正预估偏高的值:

(1) 对于二硝基苯或满足条件 $d-\left(a+\dfrac{b}{2}\right)\geqslant8$ 的含能化合物,$f^-_{\text{弹道臼炮}}=0.7$。

(2) 特定含能化合物:对于符合条件 $a=0$,$b=0$,含有分子片段 —NH—CO—NH— 之一的含能化合物,$f^-_{\text{弹道臼炮}}=1.0$。

下式可用于获得含能混合物的 $\%f_{\text{弹道臼炮,TNT}}$ 的可接受结果:

$$\%f_{\text{弹道臼炮,TNT}}=\sum_j x_j\left(\%f_{\text{弹道臼炮,TNT}}\right)_j \qquad (6.16)$$

例如,通过式(6.15)和式(6.16)可计算含 $80\%\,NH_4NO_3$(AN)和 50% TNT 的 AMATOL80/20 的 $\%f_{\text{弹道臼炮,TNT}}$ 值:

$$\left(\%f_{\text{弹道臼炮,TNT}}\right)_{\text{AN}}=113-5.16\times0+2.79\times2+3.61\times3-46.18\times0=129$$

$$\%f_{\text{弹道臼炮,TNT}}=x_{\text{TNT}}\left(\%f_{\text{弹道臼炮,TNT}}\right)_{\text{TNT}}+x_{\text{AN}}\left(\%f_{\text{弹道臼炮,TNT}}\right)_{\text{AN}}$$

$$=\frac{\dfrac{50}{227.13}}{\dfrac{50}{227.13}+\dfrac{50}{80.04}}\times100+\frac{\dfrac{50}{80.04}}{\dfrac{50}{227.13}+\dfrac{50}{80.04}}\times129=121$$

文献[107]中,AMATOL 80/20 的 $\%f_{\text{弹道臼炮,TNT}}$ 的实测值为 130。

6.3　猛度的预估

当炸药爆轰时,在其冲击波中产生高压,冲击波将粉碎而不是推动与其接触的物体,随后的气体膨胀将进行做功。猛度显示了炸药摧毁与其直接接触或爆炸波冲击附近固体物体的能力。因此,炸药的粉碎威力不同于炸药的总做功能力。猛度展示出炸药达到峰值压力的速度,它具有实际的重要性,因为它决定了炸药在军事应用中的有效性,如碎裂炮弹、弹壳、手榴弹和地雷,以及对产生的碎片进行高速传送。因此,它可能直接与爆轰压力或爆轰速度有关,间接与爆轰热有关。对报道的单一含能化合物及其通式为 $C_aH_bN_cO_d$ 的混合物以及含铝炸药的砂击试验的研究表明,下式可用于预估炸药相对于 TNT 的猛度[108]:

$$\%f_{弹道,TNT} = 85.5 + 4.812c + 2.556(d-a-b/2) +$$

$$19.69\%f_{TNT}^+ - 35.96f_{弹道}^- \tag{6.17}$$

式中:$f_{弹道}^+$ 、$f_{弹道}^-$ 为根据元素组成获得值的修正参数(正和负)。

例如,特屈儿($C_7H_5N_5O_8$)的 $\%f_{弹道,TNT}$ 值可按下式进行计算:

$$\%f_{弹道,TNT} = 85.5 + 4.812 \times 5 + 2.556 \times \left(8-7-\frac{5}{2}\right) + 19.69 \times 1 - 35.96 \times 0 = 125$$

特屈儿的 $\%f_{弹道,TNT}$ 的实测值为 $113 \sim 123$ [109]。

6.3.1　单一含能材料的 $f_{弹道}^+$ 和 $f_{弹道}^-$ 的预估

对于通式为 $C_aH_bN_cO_d$ 的含能化合物,其 $f_{弹道}^+$ 和 $f_{弹道}^-$ 的值取决于含能化合物分子结构中存在的某些分子片段,具体值见表 6.2。

表 6.2　$f^+_{弹道}$和$f^-_{弹道}$值

含能化合物或分子碎片	$f^+_{弹道}$	$f^-_{弹道}$
$(CH_2ONO_2)_n$，$C(CH_2ONO_2)_n$，$(CH_2-NNO_2)_n$，或$(-HN-NO_2)_n$，其中 $n \leqslant 4$ 以及芳烃的$-N(NO_2)-$	1.0	—
O(或N) ‖ —C—N	—	1.0
只有$-ONO_2$和$-COO-$	—	2.0
多于1个$-C-O-C-$	—	1.5
硝胺基团	—	1.0

6.3.2　含能混合物及含铝炸药的猛度

对于不同含能组分的混合物，如果至少有一种组分符合表 6.2 中给出的条件，那么整体的 $f^+_{弹道}$ 和 $f^-_{弹道}$ 的值等于它们指定的值。因此，根据成分和式(6.17)可以计算出含能混合物的$\%f_{弹道,TNT}$值。例如，对于含有 60%乙二硝胺($C_2H_6N_4O_4$)和 40%TNT 的 60/40 EDNA/TNT(Ednatol，爱特纳托儿)，其化学式为 $C_{2.033}H_{3.281}N_{2.129}O_{2.657}$，则其$\%f_{弹道,TNT}$值计算如下：

$$\%f_{弹道,TNT} = 85.5 + 4.812 \times 2.129 + 2.556 \times \left(2.657 - 2.033 - \frac{3.28}{2}\right) +$$

$$19.69 \times 1 - 35.96 \times 0 = 112$$

其$\%f_{弹道,TNT}$的实测值为 112~117[109]。

对于含铝炸药，由于铝能与爆轰产物相互作用，部分平衡预估比完全平衡条件能够得到更好的结果。下式可用于预估通式为 $C_aH_bN_cO_dAl_e$ 的含铝炸药的猛度：

$$(\%f_{弹道,TNT})_{含铝炸药} = -42.87\left(d - a - \frac{b}{2}\right) + 146.71e \qquad (6.18)$$

如式(6.18)所示，对于含铝炸药无须使用 $f^+_{弹道}$ 和 $f^-_{弹道}$。例如，化学式为

$C_{1.749}H_{2.031}N_{1.705}O_{2.194}Al_{0.667}$，含有 45%RDX、37%TNT 和 18%铝粉的 Torpex（45/37/18/RDX/TNT/Al）作为水下弹药威力特别大，因为铝组分可使爆炸脉冲持续时间更长，这增加了破坏力。应用式（6.18）即可得到 Torpex 的 $(\%f_{弹道,TNT})_{含铝炸药}$ 值：

$$(\%f_{弹道,TNT})_{含铝炸药} = -42.87 \times \left(2.194 - 1.749 - \frac{2.031}{2}\right) + 146.71 \times 0.667 = 122$$

Torpex 的 $(\%f_{弹道,TNT})_{含铝炸药}$ 实测值也是 122[109]。

小　结

本章回顾了几种预估含能化合物威力和猛度的经验方法。根据 Trauzl 铅墙试验和弹道臼炮试验，介绍了评估威力的经验方法。由于相关文献中存在大量 Trauzl 铅墙试验的数据，因此使用该试验有几种方法可用于评估含能化合物的威力。同时，介绍了用砂击试验预估含能化合物和含铝炸药猛度的模型。

习　题

1. 计算丁烷-1,2,4-三酰三硝酸酯（$C_4H_7N_3O_9$）的爆炸气体的体积。

2. 假设苦味酸铵的 $Q_{det}[H_2O(1)]$ 和 I_{SP} 的值分别为 3.046kJ/g 和 2.143N·s/g，使用式（6.9）计算 $\%f_{Trauzl,TNT}$。

3. 若 3-[3-(硝基氧基)-2,2-双[(硝基氧基)甲基]丙氧基]-2,2-双[(硝基氧基)甲基]丙基（$C_{10}H_{16}N_6O_{19}$）的 $Q_{det}[H_2O(1)] = 6.629kJ/g$，使用式（6.10）计算其 $\%f_{Trauzl,TNT}$。

4. 计算 1,3,3-三硝基氮杂环丁烷(TNAZ)和 2,4,6,8,10,12 六硝基-2,4,6,8,10,12-六氮杂异伍兹烷(CL-20)的$\%f_{\text{Trauzl,TNT}}$:

(1) 假设 TNAZ 和 CL-20 的气相生成热分别为 127.8kJ/mol 和 676.0kJ/mol,使用式(6.11)进行计算。

(2) 假设 TNAZ 和 CL-20 的凝聚相生成热分别为 14.48kJ/mol 和 414.22kJ/mol,使用式(6.12)进行计算。

5. 对于 AN/TNT(80/20),使用式(6.13)计算$\%f_{\text{Trauzl,TNT}}$。

6. 对于 1,1,1,3,5,5,5-庚硝基庚烷($C_5H_5N_7O_{14}$),使用式(6.15)计算$\%f_{\text{弹道臼炮,TNT}}$。

7. 对于 30/70 TNT/特屈儿(特屈托尔)($C_{2.632}H_{1.88}N_{1.616}O_{2.744}$),使用式(6.17)计算$\%f_{\text{弹道,TNT}}$。

8. 对于 29/49/22 TNT/HMX/Al(HTA-3)($C_{1.801}H_{2.016}N_{1.664}O_{2.192}Al_{0.667}$),使用式(6.18)计算其$\%f_{\text{弹道,TNT}}$。

习 题 答 案

第1章

1. 根据式(1.5),炸药凝聚相的生成热的值越大,其爆轰热越高。

2. $Q_{\text{det}}[H_2O(g)] = 4.94\text{kJ/mol}$;$Q_{\text{det}}[H_2O(1)] = 4.48\text{kJ/mol}$。

3. 硝酸乙酯由式(1.16)计算可得 $Q_{\text{det}}[H_2O(1)] = 3.63\text{kJ/g}$;

TATB 由式(1.15)计算可得 $Q_{\text{det}}[H_2O(1)] = 3.06\text{kJ/g}$。

4. (1) $Q_{\text{det}}[H_2O(1)] = 2.763\text{kJ/g}$。

(2) 由式(1.10)得 $Q_{\text{det}}[H_2O(1)] = 4.835\text{kJ/g}$;由式(1.11)得 $Q_{\text{det}}[H_2O(1)] = 2.901\text{kJ/g}$。

(3) 式(1.11) >式(1.17) >式(1.10)。

5. (1) $Q_{\text{det}}[H_2O(1)] = 2.988\text{kJ/g}(\text{Dev} = 0.16\text{kJ/g})$。

(2) $Q_{\text{det}}[H_2O(1)] = 5.772\text{kJ/g}(\text{Dev} = 0.54\text{kJ/g})$。

(3) $Q_{\text{det}}[H_2O(1)] = 4.364\text{kJ/g}(\text{Dev} = 0.39\text{kJ/g})$。

(4) $Q_{\text{det}}[H_2O(1)] = 7.211\text{kJ/g}(\text{Dev} = 0.44\text{kJ/g})$。

6. 6.88kJ/g。

7. 2.587kJ/g。

8. NTO:由式(1.22)得 $Q_{\text{det}}[H_2O(1)] = 2.856\text{kJ/g}(\text{Dev} = 0.29\text{kJ/g})$;

由 Rice-Hare 公式得 $Q_{\text{det}}[H_2O(1)] = 4.711\text{kJ/g}(\text{Dev} = -1.56\text{kJ/g})$。

CL-20:由式(1.22)得 $Q_{det}[H_2O(1)] = 6.525kJ/g(Dev = -0.21kJ/g)$;

由 Rice-Hare 公式得 $Q_{det}[H_2O(1)] = 6.945kJ/g(Dev = -0.63kJ/g)$。

FOX-7:由式(1.22)得 $Q_{det}[H_2O(1)] = 5.019kJ/g(Dev = -0.58kJ/g)$;

由 Rice-Hare 公式得 $Q_{det}[H_2O(1)] = 5.971kJ/g(Dev = -1.53kJ/g)$。

第 2 章

1. 由于爆轰热与爆轰温度成比例,因此炸药凝聚相的生成热的值越大,会导致其爆轰温度越高。

2. 3554K。

3. 4689K。

4. 3965K。

第 3 章

1. (1) 由式(3.2)和式(3.3)得到的爆轰速度分别为 8.75km/s、8.80km/s。

(2) 由式(3.2)和式(3.3)计算得到的爆轰速度的百分数偏差为 0.79%、-0.23%。

2. 8.50km/s。

3. 8.81km/s。

4. 由式(3.6)和式(3.7)得到的 $D_{det,max}$ 分别为 7.56km/s、7.36km/s。

5. 7.98km/s。

6. 7.46km/s。

7. 7.79km/s。

第 4 章

1. （1）$n'_{gas}=0.0410\text{mol/g}, \overline{M}_{w\,gas}=24.36\text{g/mol}, Q_{det}[H_2O(g)]=4.26\text{kJ/g}$。

（2）304kbar, 6.1%。

2. 311kbar。

3. 301kbar。

4. 167kbar。

5. 187kbar。

6. 176kbar。

7. 246kbar。

第 5 章

1. 当 $R-R_0=6.0\text{mm}$ 时，$V_{筒壁}=1.590\text{km/s}$；

当 $R-R_0=19.0\text{mm}$ 时，$V_{筒壁}=1.769\text{km/s}$。

2. （1）$(\sqrt{2E_G})_{H-K}=2.63\text{km/s}, (\sqrt{2E_G})_{K-F}=2.65\text{km/s}, \sqrt{2E_G}=2.63\text{km/s}$。

（2）2.63km/s。

3. 2.29km/s。

第 6 章

1. 909L/kg。

2. 88。

3. 150。

4. （1）TNAZ 和 CL-20 的 $\%f_{\text{Trauzl,TNT}}$ 值分别为 185 和 176。

（2）TNAZ 和 CL-20 的 $\%f_{\text{Trauzl,TNT}}$ 值分别为 169 和 168。

5. 148。

6. 157。

7. 112。

8. 124。

附录 单质炸药和混合炸药的化合物名称和生成热

缩写	全名或组分	化学式	$\Delta_f H^\theta(c)/(kJ/mol)$
ABH	偶氮(2,2',4,4',6,6'-己二苯)	$C_{24}H_6N_{14}O_{24}$	485.34[31]
Alex 20	44/32/20/4 RDX/TNT/Al/石蜡	$C_{1.783}H_{2.469}N_{1.613}O_{2.039}Al_{0.7335}$	-7.61
Alex 32	37/28/31/4 RDX/TNT/Al/石蜡	$C_{1.647}H_{2.093}N_{1.365}O_{1.744}Al_{1.142}$	-9.33
AMATEX-20	42/20/38 AN/RDX/TNT	$C_{1.44}H_{1.38}N_{1.04}O_{1.54}(AN)_{0.53}$	-95.77
AMATEX-40	21/41/38 AN/RDX/TNT	$C_{1.73}H_{19.5}N_{1.61}O_{2.11}(AN)_{0.26}$	-197.49
AMATOL80/20	80/20 AN/TNT	$C_{0.62}H_{0.44}N_{0.26}O_{0.53}(AN)_1$	-371.25
AN	硝酸铵	NH_4NO_3 或 $H_4N_2O_3$	-365.14[9]
AN/Al(90/10)	—	$Al_{0.37}(AN)_{1.125}$ 或 $H_{4.5}N_{2.25}O_{3.37}Al_{0.37}$	-412.42
AN/Al(80/20)	—	$Al_{0.74}(AN)_1$ 或 $H_4N_2O_3Al_{0.74}$	-368.32
AN/Al(70/30)	—	$Al_{1.11}(AN)_{0.875}$ 或 $H_{3.5}N_{1.75}O_{2.62}Al_{1.11}$	-324.55

(续表)

缩　写	全名或组分	化　学　式	$\Delta_f H^\theta(c)/(kJ/mol)$
BTF	苯并三氧化呋咱	$C_6N_6O_6$	602.50[31]
COMP A-3	91/9 RDX/石蜡	$C_{1.87}H_{3.74}N_{2.46}O_{2.46}$	11.88[31]
COMP B	63/36/1 RDX/TNT/石蜡	$C_{2.03}H_{2.64}N_{2.18}O_{2.67}$	5.36[9]
COMP C-3	77/4/10/5/1/3 RDX/TNT/DNT/MNT/NC/特屈儿	$C_{1.90}H_{2.83}N_{2.34}O_{2.60}$	−26.99[31]
COMP C-4	91/5.3/2.1/1.6 RDX/TNT/MNT/NC	$C_{1.82}H_{3.54}N_{2.46}O_{2.51}$	13.93[31]
Cyclotol-50/50	50/50 RDX/TNT	$C_{2.22}H_{2.45}N_{2.01}O_{2.67}$	0.04
Cyclotol-60/40(或 COMP B-3)	60/40 RDX/TNT	$C_{2.04}H_{2.50}N_{2.15}O_{2.68}$	4.81[9]
Cyclotol-65/35	65/35 RDX/TNT	$C_{1.96}H_{2.53}N_{2.22}O_{2.68}$	8.33
Cyclotol-70/30	70/30 RDX/TNT	$C_{1.87}H_{2.56}N_{2.29}O_{2.68}$	11.13
Cyclotol-75/25	75/25 RDX/TNT	$C_{1.78}H_{2.58}N_{2.36}O_{2.69}$	13.4[9]
Cyclotol-77/23	77/23 RDX/TNT	$C_{1.75}H_{2.59}N_{2.38}O_{2.69}$	14.98
Cyclotol-78/22	78/22 RDX/TNT	$C_{1.73}H_{2.59}N_{2.40}O_{2.69}$	15.52
DATB	1,3-二氨基-2,4,6-三硝基苯	$C_6H_5N_5O_6$	−98.74[31]
Destex	74.766/18.691/4.672/1.869 TNT/Al/石蜡/石墨	$C_{2.791}H_{2.3121}N_{0.987}O_{1.975}Al_{0.6930}$	−34.39
DIPAM(双苦酰胺)	2,2',4,4',6,6'-六硝基-[1,1-联苯]-3,3'-二胺	$C_{12}H_6N_8O_{12}$	−14.90[110]

（续表）

缩　写	全名或组分	化　学　式	$\Delta_f H^\theta(c)/(kJ/mol)$
DIPAM（双苦酰胺）	$2,2',4,4',6,6'$-六硝基-[1,1'-联苯]-3,3'-二胺	$C_{12}H_6N_8O_{12}$	$-28.45^{[31]}$
EXP D	苦味酸铵或炸药 D	$C_6H_6N_4O_7$	$-393.30^{[31]}$
EDC-11	64/4/30/1/1 HMX/RDX/TNT/石蜡/涤纶	$C_{1.986}H_{2.78}N_{2.23}O_{2.63}$	4.52
EDC-24	95/5 HMX/石蜡	$C_{1.64}H_{3.29}N_{2.57}O_{2.57}$	18.28
HBX-3	31/29/35/5/0.5 RDX/TNT/Al/石蜡/CaCl$_2$	$C_{1.66}H_{2.18}N_{1.21}O_{1.60}Al_{1.29}Ca_{0.005}Cl_{0.009}$	$-8.71^{[111]}$
HMX	环四亚甲基四硝胺	$C_4H_8N_8O_8$	$74.98^{[31]}$
HMX/Al(80/20)	—	$C_{1.08}H_{2.16}N_{2.16}O_{2.16}Al_{0.715}$	20.21
HMX/Al(70/30)	—	$C_{0.944}H_{1.88}8N_{1.888}O_{1.888}Al_{1.11}$	17.66
HMX/Al(60/40)	—	$C_{0.812}H_{1.624}N_{1.624}O_{1.624}Al_{1.483}$	15.19
HMX/Exon（90.54/9.46）	—	$C_{1.43}H_{2.61}N_{2.47}O_{2.47}F_{0.15}Cl_{0.10}$	-1026.80
HNAB	$2,2',4,4',6,6'$-六硝基偶氮苯	$C_{12}H_4N_8O_{12}$	$284.09^{[31]}$
液体 TNT	—	$C_7H_5N3O_6$	-53.26
LX-04	85/15 HMX/Viton	$C_{5.485}H_{9.2229}N_8F_{1.747}$	$-89.96^{[9]}$
LX-07	90/10 HMX/Viton	$C_{1.48}H_{2.62}N_{2.43}O_{2.43}F_{0.35}$	$-51.46^{[9]}$
LX-09	93/4.6/2.4 HMX/DNPA/FEFO	$C_{1.43}H_{2.74}N_{2.59}O_{2.72}F_{0.02}$	$8.38^{[9]}$

（续表）

缩　写	全名或组分	化　学　式	$\Delta_f H^\theta(\mathrm{c})/(\mathrm{kJ/mol})$
LX-10	95/5 HMX/Viton	$C_{1.42}H_{2.66}N_{2.57}O_{2.57}F_{0.17}$	$-13.14^{[9]}$
LX-11	80/20 HMX/Viton	$C_{1.61}H_{2.53}N_{2.16}O_{2.16}F_{0.70}$	$-128.57^{[9]}$
LX-14	95.5/4.5 HMX/Estane 5702-F1	$C_{1.52}H_{2.92}N_{2.59}O_{2.66}$	$6.28^{[31]}$
LX-15	95/5 HNS-L/Kel-F 800	$C_{3.05}H_{1.29}N_{1.27}O_{2.53}Cl_{0.04}F_{0.3}$	$-18.16^{[9]}$
LX-17	92.5/7.5 TATB/Kel-F 800	$C_{2.29}H_{2.18}N_{2.15}O_{2.15}Cl_{0.054}F_{0.2}$	$-100.58^{[9]}$
MEN-Ⅱ	72.2/23.4/4.4 硝基甲烷/甲醇/乙二胺	$C_{2.06}H_{7.06}N_{1.33}O_{3.10}$	$-310.87^{[9]}$
MINOL-2	40/40/20 AN/TNT/Al	$C_{1.23}H_{0.88}N_{0.53}O_{1.06}Al_{0.74}(AN)_{0.5}$	$-194.26^{[9]}$
NM	硝基甲烷	$C_1H_3N_1O_2$	$-112.97^{[31]}$
NONA	2,2',2'',4,4',4'',6,6',6''-壬硝基-m-三苯基	$C_{18}H_5N_9O_{18}$	$114.64^{[31]}$
NQ	硝基胍	$CH_4N_4O_2$	$-92.47^{[9]}$
NM/UP(60/40)	60/40 硝基甲烷/UP；UP＝90/10 CO(NH₂)₂ HClO₄/H₂O	$C_{1.207}H_{4.5135}N_{1.432}O_{3.309}Cl_{0.2341}$	11.51
Octol-76/23	76.3/23.7 HMX/TNT	$C_{1.76}H_{2.58}N_{2.37}O_{2.69}$	12.76
Octol-75/25	75/25 HMX/TNT	$C_{1.78}H_{2.58}N_{2.36}O_{2.69}$	$11.63^{[9]}$
Octol-60/40	60/40 HMX/TNT	$C_{2.04}H_{2.50}N_{2.15}O_{2.68}$	4.14
PBX-9007	90/9.1/0.5/0.4 RDX/聚苯乙烯/DOP/Resin	$C_{1.97}H_{3.22}N_{2.43}O_{2.44}$	$29.83^{[31]}$
PBX-9010	90/10 RDX/Kel-F	$C_{1.39}H_{2.43}N_{2.43}O_{2.43}Cl_{0.09}F_{0.26}$	$-32.93^{[9]}$
PBX-9011	90/10 HMX/Estane	$C_{1.73}H_{3.18}N_{2.45}O_{2.61}$	$-16.95^{[31]}$

104

（续表）

缩　写	全名或组分	化　学　式	$\Delta_f H^\theta(c)/(\text{kJ/mol})$
PBX-9205	92/6/2 RDX/聚苯乙烯/DOP	$C_{1.83}H_{3.14}N_{2.49}O_{2.51}$	24.31[31]
PBX-9407	94/6 RDX/Exon 461	$C_{1.41}H_{2.66}N_{2.54}O_{2.54}Cl_{0.07}F_{0.09}$	3.39[9]
PBX-9501	95/2.5/2.5 HMX/Estane/BDNPA-F	$C_{1.47}H_{2.86}N_{2.60}O_{2.69}$	9.62[31]
PBX-9502	95/5 TATB/Kel-F 800	$C_{2.3}H_{2.23}N_{2.21}O_{2.21}Cl_{0.04}F_{0.13}$	-87.15[9]
PBX-9503	15/80/5 HMX/TATB/KEL-F 800	$C_{2.16}H_{2.28}N_{2.26}O_{2.26}Cl_{0.038}$	-74.01[9]
PBXC-9	75/20/5 HMX/Al/Viton	$C_{1.15}H_{2.14}N_{2.03}O_{2.03}F_{0.17}Al_{0.74}$	113.01
PBXC-116	86/14 RDX/胶黏剂	$C_{1.968}H_{3.7463}N_{2.356}O_{2.4744}$	4.52
PBXC-117	71/17/12 RDX/Al/胶黏剂	$C_{1.65}H_{3.1378}N_{1.946}O_{2.048}Al_{0.6303}$	-65.56
PBXC-119	82/18 HMX/胶黏剂	$C_{1.817}H_{4.1073}N_{2.2149}O_{2.6880}$	18.28
彭托里特（Pentolite）-50/50	50/50 TNT/PETN	$C_{2.33}H_{2.37}N_{1.29}O_{3.22}$	-100.01
PETN	季戊四醇四硝酸酯	$C_5H_8N_4O_{12}$	-538.48[9]
PF	1-氟-2,4,6-三硝基苯	$C_6H_2N_3O_6F$	-224.72
RDX	环亚甲基三硝胺	$C_3H_6N_6O_6$	61.55[9]
RDX/Al(90/10)	—	$C_{1.215}H_{2.43}N_{2.43}O_{2.43}Al_{0.371}$	24.89
RDX/Al(80/20)	—	$C_{1.081}H_{2.161}N_{2.161}O_{2.161}Al_{0.715}$	22.13
RDX/Al(70/30)	—	$C_{0.945}H_{1.89}N_{1.89}O_{1.89}Al_{1.11}$	19.37
RDX/Al(60/40)	—	$C_{0.81}H_{1.62}N_{1.62}O_{1.62}Al_{1.483}$	16.61

（续表）

缩　写	全名或组分	化　学　式	$\Delta_f H^\theta(c)/(\text{kJ/mol})$
RDX/Al(50/50)	—	$C_{0.675}H_{1.35}N_{1.35}O_{1.35}Al_{1.853}$	13.85
RDX/TFNA(65/35)	—	$C_{1.54}H_{2.64}N_{2.2}O_{2.49}F_{0.44}$	−823.83
RDX/Exon(90.1/9.9)	—	$C_{1.44}H_{2.6}N_{2.44}O_{2.44}F_{0.17}Cl_{0.11}$	−195.48
TATB	1,3,5-三氨基-2,4,6-三硝基苯	$C_6H_6N_6O_6$	−154.18[9]
TATB/HMX/Kel-F(45/45/10)		$C_{1.88}H_{2.37}N_{2.26}O_{2.26}F_{0.28}Cl_{0.06}$	−478
特屈儿(Tetryl)	N-甲基-N-硝基-2,4,6-三硝基苯胺	$C_7H_5N_5O_8$	19.54[9]
TFENA	2,2,2-三氟乙基硝胺	$C_2H_3N_2O_2F_3$	−694.54
TFET	2,4,6-三硝基苯基-2,2,2-三氟乙基硝胺	$C_8H_4N_5O_8F_3$	−576.8
TNT	2,4,6-三硝基甲苯	$C_7H_5N_3O_6$	−67.07[1]
TNTAB	三硝基三叠氮苯	$C_6N_{12}O_6$	1129.68[31]
TNT/Al(89.4/10.6)	—	$C_{2.756}H_{1.969}N_{1.181}O_{2.362}Al_{0.393}$	−24.73
TNT/Al(78.3/21.7)	—	$C_{2.414}H_{1.724}N_{1.034}O_{2.069}Al_{0.804}$	−21.63
甲苯/硝基甲烷(14.5/85.5)	—	$C_{2.503}H_{5.461}N_{1.4006}O_{2.803}$	−160.71
托佩克斯（Torpex）式水下炸药	42/40/18 RDX/TNT/Al	$C_{1.8}H_{2.015}N_{1.663}O_{2.191}Al_{0.6674}$	−0.17
Tritonal(特里托纳尔)	80/20 TNT/Al	$C_{2.465}H_{1.76}N_{1.06}O_{2.11}Al_{0.741}$	−23.64

参 考 文 献

[1] Meyer R, Köhler J, Homburg A. Explosives, 6th edition. Weinheim: John Wiley & Sons, 2008.

[2] Klapötke T M. Chemistry of high-energy materials, 3rd edition. Berlin: Walter de Gruyter GmbH & Co KG, 2015.

[3] Agrawal J P. High Energy Materials: Propellants, Explosives and Pyrotechnics. Weinheim: John Wiley & Sons, 2010.

[4] Kubota N. Propellants and Explosives: Thermochemical Aspects of Combustion, 3rd edition. Weinheim: John Wiley & Sons, 2015.

[5] Kamlet M J, Jacobs S. The chemistry of detonation. 1. A simple method for calculating detonation properties of CHNO explosives. Journal of Chemical Physics. 1967, 48: 23−35.

[6] Rouse Jr P E. Enthalpies of formation and calculated detonation properties of some thermally stable explosives. Journal of Chemical and Engineering Data 1976, 21: 16−20.

[7] Akhavan J. The chemistry of explosives, 3rd edition. Cornwall: Royal Society of Chemistry, 2011.

[8] Linstrom P J, Mallard WG. The NIST Chemistry WebBook: A chemical data resource on the internet. Journal of Chemical & Engineering Data.

107

2001,46:1059-1063.

[9] Dobratz B. LLNL explosives handbook: properties of chemical explosives and explosives and explosive simulants. Lawrence Livermore National Laboratory, CA(USA), 1981.

[10] Fried L, Howard W, Souers P C. Cheetah 2.0 User's Manual. Lawrence Livermore National Laboratory, CA(USA), 1998.

[11] Sućeska M. Calculation of detonation parameters by EXPLO5 computer program. Materials Science Forum, Trans Tech Publ. 2004, 465: 325 – 330.

[12] Mader C L. Numerical Modeling of Explosives and Propellants, 3rd edition. Boca Raton, FL: CRC press, 2007.

[13] White W B, Johnson S M, Dantzig G B. Chemical equilibrium in complex mixtures, The Journal of Chemical Physics. 1958, 28:751-755.

[14] Hobbs M L, Baer M R, McGee B C. JCZS: An intermolecular potential database for performing accurate detonation and expansion calculations. Propellants Explosives Pyrotechnics. 1999, 24:269-279.

[15] Rice B M, Hare J. Predicting heats of detonation using quantum mechanical calculations, Thermochimica Acta. 2002, 384:377-391.

[16] Keshavarz M H. Simple procedure for determining heats of detonation. Thermochimica Acta. 2005, 428:95-99.

[17] Sikder A, Maddala G, Agrawal J, Singh H. Important aspects of behaviour of organic energetic compounds: a review. Journal of hazardous materials. 2001, 84:1-26.

[18] Pagoria P F, Lee G S, Mitchell A R, Schmidt R D. A review of energetic materials synthesis. Thermochimica Acta. 2002, 384:187-204.

[19] Poling B E, Prausnitz J M, John Paul O C, Reid R C. The properties of gases and liquids. New York: McGraw-Hill, 2001.

[20] Stein S, Brown R. Structures and properties group additivity model. Nist chemistry webbook, NIST standard reference database, 20899, 2009.

[21] Dorofeeva O V, Suntsova M A. Enthalpy of formation of CL-20. Computational and Theoretical Chemistry. 2015, 1057: 54-59.

[22] Simpson R, Urtiew P, Ornellas D, Moody G, Scribner K, Hoffman D. CL-20 performance exceeds that of HMX and its sensitivity is moderate. Propellants, Explosives, Pyrotechnics. 1997, 22: 249-255.

[23] Keshavarz M H. Estimating heats of detonation and detonation velocities of aromatic energetic compounds. Propellants, Explosives, Pyrotechnics. 2008, 33: 448-453.

[24] Keshavarz M H. Predicting heats of detonation of explosives via specified detonation products and elemental composition. Indian Journal of Engineering & Materials Sciences. 2007, 14: 324-330.

[25] Keshavarz M H. Determining heats of detonation of non-aromatic energetic compounds without considering their heats of formation. Journal of hazardous materials. 2007, 142: 54-57.

[26] Keshavarz M H. Quick estimation of heats of detonation of aromatic energetic compounds from structural parameters. Journal of hazardous materials. 2007, 143: 549-554.

[27] Keshavarz M H. A simple way to predict heats of detonation of energetic compounds only from their molecular structures. Propellants, Explosives, Pyrotechnics. 2012, 37: 93-99.

[28] Rahmani M, Ahmadi-Rudi B, Mahmoodnejad M R, Senokesh A J,

Keshavarz M H. Simple Method for Prediction of Heat of Explosion in Double Base and Composite Modified Double Base Propellants. International Journal of Energetic Materials and Chemical Propulsion. 2013,12: 41-60.

[29] Bastea S,Fried L,Glaesemann K,Howard W,Souers P,Vitello P. CHEE-TAH 5. 0 User's Manual. Lawrence Livermore National Laboratory,2007.

[30] Grys S,Trzciński W A. Calculation of Combustion,Explosion and Detonation Characteristics of Energetic Materials. Central European Journal of Energetic Materials. 2010,7:97-113.

[31] Hobbs M L,Baer M. Calibrating the BKW-EOS with a large product species data base and measured CJ properties. Proc. of the 10th Symp. (International) on Detonation,ONR,1993:409.

[32] Gibson F,Bowser M,Summers C,Scott F,Mason C. Use of an Electro-Optical Method to Determine Detonation Temperatures in High Explosives. Journal of Applied Physics. 1958,29:628-632.

[33] Sil'vestrov V,Bordzilovskii S,Karakhanov S,Plastinin A. Temperature of the detonation front of an emulsion explosive. Combustion,Explosion, and Shock Waves. 2015,51:116-123.

[34] Tarasov M,Karpenko I,Sudovtsov V,Tolshmyakov A. Measuring the brightness temperature of a detonation front in a porous explosive. Combustion,Explosion,and Shock Waves. 2007,43:465-467.

[35] Sućeska M. EXPLO5-Computer program for calculation of detonation parameters. In:Proc. of 32nd Int. Annual Conference of ICT,Karlsruhe, Germany,2001.

[36] Keshavarz M. Correlations for predicting detonation temperature of pure

and mixed CNO and CHNO explosives. Indian Journal of Engineering and Materials Sciences. 2005,12:158−164.

[37] Keshavarz M H, Oftadeh M. A new correlation for predicting the Chapman-Jouguet detonation pressure of CHNO explosives High Temperatures-High Pressures. 2002,34:495−498.

[38] Keshavarz M H, Oftadeh M. Two new correlations for predicting detonating power of CHNO explosives. Bulletin Korean Chemical Society. 2003,24:19−22.

[39] Fried L E, Manaa M R, Pagoria P F, Simpson R L. Design and synthesis of energetic materials 1. Annual Review of Materials Research. 2001, 31:291−321.

[40] Keshavarz M H, Nazari H R. A simple method to assess detonation temperature without using any experimental data and computer code. Journal of hazardous materials. 2006,133:129−134.

[41] Keshavarz M H. Detonation temperature of high explosives from structural parameters. Journal of hazardous materials. 2006,137:1303−1308.

[42] Wescott B, Stewart D S, Davis W C. Equation of state and reaction rate for condensed-phase explosives. Journal of applied physics. 2005, 98:053514.

[43] Suceska M. Test methods for explosives. New York:Springer Science & Business Media,1995.

[44] Keshavarz M H. A simple theoretical prediction of detonation velocities of non-ideal explosives only from elemental composition. New Research on Hazardous Materials. 2007,9:293−310.

[45] Keshavarz M H. Predicting detonation performance in non-ideal explosives

by empirical methods. In: Janssen T J, editor. Explosive Materials: Classification, Composition and Properties. New York: Nova Science Publishers, 2011, 179-201.

[46] Zeman S, Jungova M. Sensitivity and Performance of Energetic Materials, Propellants, Explosives. Pyrotechnics. 2016, 41: 426-451.

[47] Shekhar H. Studies on empirical approaches for estimation of detonation velocity of high explosives. Central European Journal of Energetic Materials. 2012, 9: 39-48.

[48] Kamlet M J, Hurwitz H. Chemistry of detonations. IV. Evaluation of a simple predictive method for detonation velocities of CHNO explosives. Journal of Chemical Physics. 1968, 48: 3685-3692.

[49] Keshavarz M H, Pouretedal H R. Estimation of Detonation Velocity of CHNOFCI Explosives. High Temperatures-High Pressures. 2003, 35: 593-600.

[50] Keshavarz M H. A simple approach for determining detonation velocity of high explosive at any loading density. Journal of hazardous materials. 2005, 121: 31-36.

[51] Nair U, Asthana S, Rao A S, Gandhe B. Advances in High Energy Materials (Review Paper). Defence Science Journal. 2010, 60: 137.

[52] Keshavarz M H, Mofrad R T, Alamdari R F, Moghadas M H, Mostofizadeh A R, Sadeghi H. Velocity of detonation at any initial density without using heat of formation of explosives. Journal of hazardous materials. 2006, 137: 1328-1332.

[53] Finger M, Lee E, Helm F, Hayes B, Hornig H, McGuire R, Kahara M, Guidry M. The effect of elemental composition on the detonation behavior

of explosives. In：Sixth Symposium(International) on Detonation,1976,p. 710.

[54] Rothstein L,Peterson R. Predicting high explosive detonation velocities from their composition and structure. Propellants,Explosives,Pyrotechnics. 1979,4:56−60.

[55] Rothstein L. Predicting high explosive detonation velocities from their composition and structure (Ⅱ). Propellants, Explosives, Pyrotechnics. 1981,6:91−93.

[56] Keshavarz M H. Detonation velocity of pure and mixed CHNO explosives at maximum nominal density. Journal of hazardous materials. 2007,141: 536−539.

[57] Elbeih A,Pachmaň J,Zeman S,TrzcIński W A,Akstein Z,Sućeska M. Thermal stability and detonation characteristics of pressed and elastic explosives on the basis of selected cyclic nitramines. Central European Journal of Energetic Materials. 2010,7:217−232.

[58] Klapotke T M,Sabate C M,Rasp M. Synthesis and properties of 5-nitro-tetrazole derivatives as new energetic materials. Journal of Materials Chemistry. 2009,19:2240−2252.

[59] Keshavarz M H,Kamalvand M,Jafari M,Zamani A. An Improved Simple Method for the Calculation of the Detonation Performance of CHNOFCl, Aluminized and Ammonium Nitrate Explosives. Central European Journal of Energetic Materials. 2016,13:381−396.

[60] Keshavarz M H. Simple correlation for predicting detonation velocity of ideal and non-ideal explosives. Journal of hazardous materials. 2009, 166:762−769.

[61] Keshavarz M H. Predicting maximum attainable detonation velocity of CHNOF and aluminized explosives. Propellants, Explosives, Pyrotechnics. 2012,37:489−497.

[62] Cooper P W. Explosives engineering. New York: Vch Pub, 1996.

[63] Johansson C H, Persson P-A. Detonics of high explosives. London: Academic Press Inc, 1970.

[64] Hardesty D, Kennedy J. Thermochemical estimation of explosive energy output. Combustion and Flame. 1977,28:45−59.

[65] Kamlet M J, Short J M. The chemistry of detonations. VI. A "Rule for Gamma" as a criterion for choice among conflicting detonation pressure measurements. Combustion and Flame. 1980,38:221−230.

[66] Keshavarz M H, Pouretedal H. Predicting adiabatic exponent as one of the important factors in evaluating detonation performance. Indian Journal of Engineering and Materials Sciences. 2006,13:259.

[67] Davis W, Venable D. Pressure measurements for composition B-3. In: Fifth Symposium(International) on Detonation, California, ACR-184, 1970,13−22.

[68] Kamlet M J, Ablard J. Chemistry of detonations. II. Buffered equilibria. Journal of Chemical Physics. 1968,48:36−42.

[69] Kamlet M J, Dickinson C. Chemistry of Detonations. III. Evaluation of the Simplified Calculational Method for Chapman-Jouguet Detonation Pressures on the Basis of Available Experimental Information. The Journal of Chemical Physics. 1968,48:43−50.

[70] Kazandjian L, Danel J F. A Discussion of the Kamlet-Jacobs Formula for the Detonation Pressure. Propellants, Explosives, Pyrotechnics. 2006,

31:20-24.

[71] Keshavarz M H,Pouretedal H R. An empirical method for predicting detonation pressure of CHNOFCl explosives. Thermochimica Acta. 2004, 414:203-208.

[72] Keshavarz M H. Simple determination of performance of explosives without using any experimental data. Journal of hazardous materials. 2005,119:25-29.

[73] Oftadeh M,Keshavarz M H, Khodadadi R. Prediction of the condensed phase enthalpy of formation of nitroaromatic compounds using the estimated gas phase enthalpies of formation by the PM3 and B3LYP methods. Central European Journal of Energetic Materials. 2014,11:143-156.

[74] Keshavarz M H. Reliable estimation of performance of explosives without considering their heat contents. Journal of hazardous materials. 2007, 147:826-831.

[75] Keshavarz M,Theoretical prediction of detonation pressure of CHNO high energy materials. Indian Journal of Engineering and Materials Sciences. 2007,14:77-80.

[76] Zhang Q,Chang Y. Prediction of Detonation Pressure and Velocity of Explosives with Micrometer Aluminum Powders. Central European Journal of Energetic Materials. 2012,9:77-86.

[77] Keshavarz M H,Mofrad R T,Poor K E,Shokrollahi A,Zali A,Yousefi M H. Determination of performance of non-ideal aluminized explosives. Journal of hazardous materials. 2006,137:83-87.

[78] Keshavarz M H,Zamani A,Shafiee M. Predicting detonation performance of CHNOFCl and aluminized explosives. Propellants, Explosives, Pyro-

technics. 2014,39:749-754.

[79] Keshavarz M H. Prediction of detonation performance of CHNO and CHNOAl explosives through molecular structure. Journal of hazardous materials. 2009,166:1296-1301.

[80] Keshavarz M H,Shokrolahi A,Pouretedal H R. A new method to predict maximum attainable detonation pressure of ideal and aluminized energetic compounds. High Temperatures-High Pressures. 2012,41:349-365.

[81] Gurney R W. The initial velocities of fragments from bombs, shell and grenades. In:DTIC Document,1943.

[82] Souers P C,Forbes J W,Fried L E,Howard W M,Anderson S,Dawson S, Vitello P,Garza R. Detonation energies from the cylinder test and CHEE-TAH V3. 0. Propellants,Explosives,Pyrotechnics. 2001,26:180-190.

[83] Short J M,Helm F H,Finger M,Kamlet M J. The chemistry of detonations. Ⅶ. A simplified method for predicting explosive performance in the cylinder test. Combustion and Flame. 1981,43:99-109.

[84] Fotouhi-Far F, Bashiri H, Hamadanian M, Keshavarz M H. A New Method for Assessment of Performing Mechanical Works of Energetic Compounds by the Cylinder Test. Zeitschrift für anorganische und allgemeine Chemie. 2016,642:1086-1090.

[85] Tarver C M. Condensed Matter Detonation:Theory and Practice;Shock Waves Science and Technology Library,vol. 6. Berlin:Springer,2012, 339-372.

[86] Kanel G I,Razorenov S V,Fortov V E. Shock-wave phenomena and the properties of condensed matter. New York:Springer Science & Business Media,2013.

116

［87］ Cowperthwaite M, Zwisler W. Improvement and modification to TIGER code, SRI Final Report, Project PYU-1397, 2nd edition, 1973.

［88］ Kamlet M J, Finger M. An alternative method for calculating Gurney velocities. Combustion and Flame. 1979, 34: 213-214.

［89］ Keshavarz M H, Semnani A. The simplest method for calculating energy output and Gurney velocity of explosives. Journal of hazardous materials. 2006, 131: 1-5.

［90］ Keshavarz M H. New method for prediction of the Gurney energy of high explosives. Propellants, Explosives, Pyrotechnics. 2008, 33: 316-320.

［91］ Fedoroff B T, Sheffield O E. Encyclopedia of Explosives and Related Items, Part 2700. Dover, NJ: Picatinny Arsenal, 1974.

［92］ Jafaria M, Kamalvanda M, Keshavarzb M, Zamanib A, Fazeli H. A simple approach for prediction of the volume of explosion gases of energetic compounds. Indian Journal of Engineering and Materials Sciences. 2015, 22: 701-706.

［93］ Belov G V. Thermodynamic analysis of combustion products at high temperature and pressure. Propellants, Explosives, Pyrotechnics. 1998, 23: 86-89.

［94］ Keshavarz M H. A simple procedure for assessing the performance of liquid propellants. High Temperatures-High Pressures. 2003, 35: 587-592.

［95］ Keshavarz M H. Prediction method for specific impulse used as performance quantity for explosives. Propellants, Explosives, Pyrotechnics. 2008, 33: 360-364.

［96］ Gill R, Asaoka L, Baroody E. On underwater detonations, 1, A new method for predicting the CJ detonation pressure of explosives. Journal of energetic materials. 1987,5:287-307.

[97] Keshavarz M,Pouretedal H. Predicting detonation velocity of ideal and less ideal explosives via specific impulse. Indian Journal of Engineering and Materials Sciences. 2004,11:429-432.

[98] Keshavarz M H, Ghorbanifaraz M, Rahimi H, Rahmani M. Simple pathway to predict the power of high energy materials. Propellants,Explosives,Pyrotechnics. 2011,36:424-429.

[99] Boggs T, Zurn D, Strahle W, Handley J, Milkie T. Naval Weapons Center,China Lake,private communication,1978.

[100] Gordon S,McBride B J. Computer program for calculation of complex chemical equilibrium compositions,rocket performance,incident and reflected shocks,and Chapman-Jouguet detonations,1976.

[101] Keshavarz M H,Ghorbanifaraz M,Rahimi H,Rahmani M. A new approach to predict the strength of high energy materials. Journal of hazardous materials. 2011,186:175-181.

[102] Fedoroff B T,Sheffield O E. Encyclopedia of Explosives and Related Items,Part 2700. Dower,NJ:Picatinny Arsenal,1972.

[103] Kamalvand M,Keshavarz M H,Jafari M. Prediction of the strength of energetic materials using the condensed and gas phase heats of formation. Propellants,Explosives,Pyrotechnics. 2015,40:551-557.

[104] Jafari M,Kamalvand M,Keshavarz M H,Farrashi S. Assessment of the Strength of Energetic Compounds Through the Trauzl Lead Block Expansions Using Their Molecular Structures. Zeitschrift für anorganische und allgemeine Chemie. 2015,641:2446-2451.

[105] Kaye S M. Encyclopedia of Explosives and Related Items,Part 2700.

New Jersey:Defense Technical Information Center,1978.

[106]　Keshavarz M H,Seif F. Improved approach to predict the power of energetic materials,Propellants. Explosives,Pyrotechnics. 2013,38:709-714.

[107]　Fedoroff B T,Sheffield O E,Reese E F,Sheffield O E,Clift G D,Dunkle C G,Walter H,Mclean D C. Encyclopedia of Explosives and Related Items,Part 2700. Dower,NJ:Picatinny Arsenal,1960.

[108]　Keshavarz M H,Seif F,Soury H. Prediction of the brisance of energetic materials. Propellants,Explosives,Pyrotechnics. 2014,39:284-288.

[109]　Fedoroff B T,Sheffield O E,Reese E F,Clift G D. Encyclopedia of Explosives and Related Items, Part 2700, Dower, NJ: Picatinny Arsenal, 1962.

[110]　Pedley J B. Thermochemical data of organic compounds. New York: Springer Science & Business Media,2012.

[111]　Vadhe P P,Pawar R B,Sinha R K,Asthana S N,Rao A S. Cast Aluminized Explosives(Review),Combust Explos Shock. 2008,44:461-477.

索　引

Becker-Kistiakowsky-Wilson（BKW）状态方程　10

爆轰产物能量　83

爆轰热　2

爆轰热　2,5

爆轰速度　33

爆轰压力　58

爆破能力　83

爆燃(燃烧)　1

爆燃热　1

爆燃有机含能化合物　1

爆炸潜能　83

爆炸威力　86

爆炸性有机炸药　1

比冲　2,89

比能　73

标准气相生成热　12

标准生成热　5

Chapman-Jouguet(C-J)　25,33

Dautriche（人名） 36

弹道臼炮试验 84,92

弹式量热计 2,3

等熵膨胀产物 74

动量平衡 59

冻结 86

反应热 1

非理想炸药 34

冯·纽曼尖峰 58

复合改性双基（CMDB）推进剂 17

钢板凹痕试验 84

格尼常数 74

格尼模型 74

格尼能 73

格尼速度 74

Kamlet-Finger（K-F） 79

Kamlet-Jacobs（K-J） 5,7,11,13,14,39,62,76,79

H_2O-CO_2主导 7,15

Hardesty-Kennedy（H-K） 79

Hugoniot（人名） 33

恒容绝热火焰温度 21

恒压焓 4

恒压绝热火焰温度　21

化学当量空气　21

化学峰　58

Jacobs-Cowperthwaite-Zwisler 状态方程（JCZS-EOS）　11,35

Jacobs-Cowperthwaite-Zwisler-3 状态方程（JCZ3-EOS）　79

Jones-Wilkins-Lee 状态方程（JWL-EOS）　78

伽马规则　60

绝对燃烧温度　20,22

绝热火焰　20

绝热火焰温度　22

绝热指数　59

均方根偏差（RMS）　9

理论空气　32

理论最大密度　42

理想炸药　34

迈克尔逊线　34

猛度　75,83,93

摩尔体积　10

NIST 化学网络　13

内能　4

凝聚相　4

铅墙试验　84

强度　83

Rankine-Huguniot 跳跃　60

燃烧　1

燃烧能　5

燃烧热　1

瑞丽线　34

砂击试验　84

水下爆炸　84

Trauzl 铅墙试验　84,88

泰勒波　58

威力　83

威力指数　87

未反应炸药　73

稳态爆轰模型　34

一般相互作用性能函数（GIPF）　11

与金属相切或侧向爆炸　76

圆筒试验　75

圆柱形铅墙　84

Zeldovich-von Neumann-Doering（ZND）　58

正常爆炸或直接爆炸到金属上　76

终端金属速度　74

装药(初始)密度　38

状态方程(EOS)　24

最大做功量　83

最高温度　20